Dominique Dewitt
Festnetz, Handy, Internet - das inoffizielle Buch

DOMINIQUE DEWITT

FESTNETZ, HANDY, INTERNET
DAS INOFFIZIELLE BUCH

MIT 142 ABBILDUNGEN

FRANZIS

Bibliografische Information der Deutschen Bibliothek

Die Deutsche Bibliothek verzeichnet diese Publikation in der Deutschen Nationalbibliografie;
detaillierte Daten sind im Internet über http://dnb.ddb.de abrufbar.

© 2010 Franzis Verlag GmbH, 85586 Poing

Die meisten Produktbezeichnungen von Hard- und Software sowie Firmennamen und Firmenlogos, die in diesem Werk genannt werden, sind in der Regel gleichzeitig auch eingetragene Warenzeichen und sollten als solche betrachtet werden. Der Verlag folgt bei den Produktbezeichnungen im Wesentlichen den Schreibweisen der Hersteller.

Satz: G&U Language & Publishing Services GmbH, Flensburg
art & design: www.ideehoch2.de
Druck: Bercker, 47623 Kevelaer
Printed in Germany

ISBN 978-3-645-65015-1

Einleitung

Moderne Kommunikation bedeutet heutzutage weit mehr, als sich untereinander auszutauschen oder Daten zu übertragen: Festnetztelefon und Handy besitzt fast jeder Bürger, doch die wenigsten wissen, was diese Kommunikationsmittel für ein Potenzial außerhalb ihres ursprünglichen Einsatzgebiets bergen.

Wollten Sie schon immer wissen, wie Callcenter mit einer Servicenummer bei Ihnen anrufen, ohne dabei die echte Absenderrufnummer preiszugeben? Oder interessiert Sie vielmehr, wie Sie das selbst ebenfalls tun können?

Dieses Buch lüftet viele Fragen zum Thema Telekommunikation und zeigt die Möglichkeiten von Festnetz, Mobilfunk und Internet auf – egal ob Sie nur kostengünstiger mit Ihrem Handy telefonieren wollen oder wissen möchten, wie es um die Sicherheit moderner Mobiltelefone bestellt ist oder wie Sie Webfilter umgehen können.

Kunden von Telekommunikationsverträgen bekommen neben den angebotenen Leistungen mehr, als sie ahnen. Im Bereich Festnetz ist der ISDN-Anschluss hierfür das beste Beispiel. Neben den zwei frei nutzbaren B-Kanälen, die für Sprache und Daten verwendet werden können, verfügt der ISDN-Anschluss auch über einen D-Kanal, auf dem alle Steuerinformationen für die ISDN-Endgeräte übertragen werden.

HINWEIS!

Einige der hier im Buch behandelten Themen nutzen rechtliche Grauzonen. Grundsätzlich ist das Manipulieren von Telekommunikationseinrichtungen strafbar! Alle Informationen zum Thema »Hacking« dienen lediglich Informationszwecken und sind nicht dafür gedacht, irgendjemandem in irgendeiner Weise zu schaden! Autor und Verlag übernehmen keine Verantwortung für die hier gebotenen Informationen und deren Auswirkungen!

Wenige ISDN-Telefone sind in der Lage, neben den Standardinformationen, wie z. B. der übertragenen Rufnummer des Anrufers oder dem Zeitpunkt des Anrufs, auch andere nützliche Informationen auszuwerten, beispielsweise die »echte« Rufnummer eines Callcenters, die zusätzlich zu der übertragenen Service-Hotline im D-Kanal übertragen wird.

Das wichtigste Hilfsmittel ist neben einem Telefon und/oder einem Handy der Computer. Idealerweise sollten Sie über eine ISDN-Karte oder über einen Router mit integriertem ISDN-Controller (wie z. B. der AVM FRITZ!Box Fon-Reihe) verfügen, um alle hier erwähnten Szenarien nachstellen zu können. Ein Handy mit Symbian OS-Betriebssystem oder mit Windows Phone ist empfehlenswert.

Wir wünschen Ihnen viel Spaß mit und vor allem viel Nutzen mit diesem Buch.

Autor und Verlag

1 Festnetz und Mobilfunk: offen und anonym

Ärgerlich, wenn das Telefon klingelt und man nicht in der Nähe ist, um zu wissen, wer angerufen hat, oder wenn man in aller Eile einen Anruf annimmt, den man eigentlich gar nicht entgegennehmen wollte.

1.1 Anrufmonitore nutzen

Dank kleiner Hilfsprogramme, sogenannter Anrufmonitore, lassen sich Informationen zum Anrufer, schon einige Sekunden bevor das Telefon klingelt, auf diversen Endgeräten, zum Beispiel dem Computer oder auch über einen Receiver, auf dem Fernseher, darstellen. Wie das genau funktioniert, erfahren Sie in diesem Kapitel.

Anrufmonitorfunktionalität aktivieren

Um die Software nutzen zu können, müssen Sie die Anrufmonitorfunktionalität der FRITZ!Box einmalig aktivieren. Hierzu wählen Sie von einem an die FRITZ!Box angeschlossenen Telefon die Nummer *#96*5**. Bei ISDN-Telefonen muss »Keypad« ausgeschaltet sein! Möchten Sie den Anrufmonitor wieder deaktivieren, wählen Sie die Nummer *#96*4**.

Anrufbenachrichtigung auf dem Computer

Für die Benachrichtigung von Anrufen auf dem heimischen Computer empfiehlt es sich, eine FRITZ!Box einzusetzen. Natürlich gibt es für andere Router und Telefonanlagen ebenfalls einiges an Anrufmonitorsoftware, jedoch können Sie der Kombination aus FRITZ!Box und der Software »FRITZ!Box Monitor« von AVM sehr viele nützliche Zusatzfunktionen entlocken.

WARNUNG!

Der Austausch der Original-Firmware gegen eine modifizierte hat den Garantieverlust des Geräts zur Folge!

TIPP!

T-Online-Speedport-Router

Die durch die Deutsche Telekom bzw. von T-Online vertriebenen Speedport-Router sind in der Regel fast baugleich mit diversen AVM-FRITZ!Box-Modellen – jedoch mit dem Unterschied, dass die Speedport-Geräte durch die Telekom-eigene Firmware zahlreicher Funktionen beraubt wurden. Besitzer von Speedport-Routern können daher auch eine angepasste FRITZ!Box-Firmware aufspielen (sogenanntes »Fritzen«), die den Router firmwareseitig zu einer FRITZ!Box macht und somit auch der volle Funktionsumfang zur Verfügung steht.

Mehr dazu erfahren Sie bei *www.ip-phone-forum.de/showthread. php?t=172137*.

⊡ LESEZEICHEN

ftp://ftp.avm.de/fritz.box/ tools/fbm/

FRITZ!Box Monitor: Hier finden Sie die aktuelle Version von FRITZ!Box Monitor.

1. Zuerst müssen Sie die gerade genannte Software aus dem Internet herunterladen und anschließend installieren.

2. Nach erfolgreicher Installation startet das Programm mit der Registerkarte *Anrufliste*. Wechseln Sie zur Registerkarte *Optionen*.

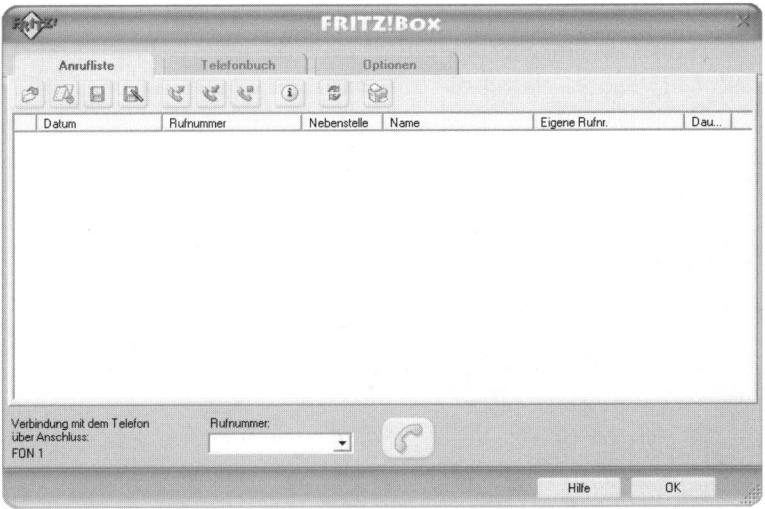

Bild 1.1 FRITZ!Box Monitor nach dem Start.

Es empfiehlt sich, den Anrufmonitor beim Start von Windows automatisch mitstarten zu lassen, sofern Sie immer über eingehende Anrufe am PC informiert werden möchten. Also setzen Sie einen Haken bei *Automatischer Programmstart*. Das Kontrollkästchen *Statusmonitor automatisch öffnen* kann deaktiviert bleiben.

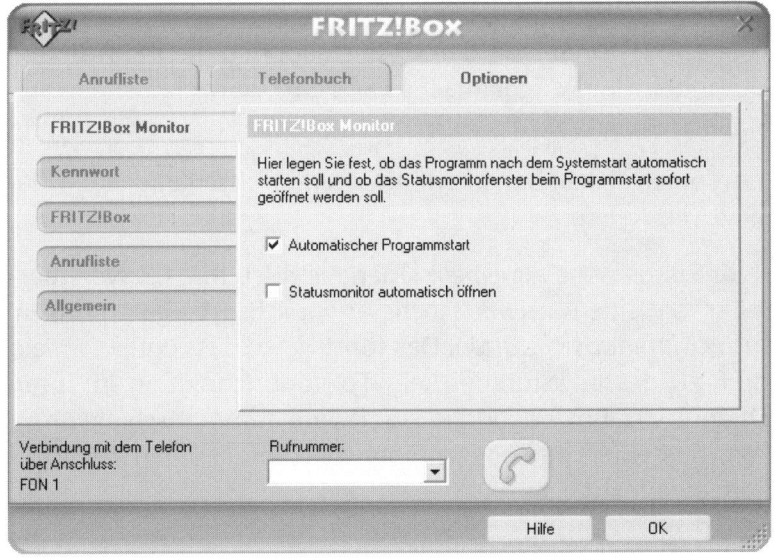

Bild 1.2 Um stets über eingehende Anrufe informiert zu werden, muss der FRITZ!Box Monitor aktiv sein. Um das zu gewährleisten, ist es sinnvoll, den automatischen Programmstart zu aktivieren.

3. Sofern Sie für die Weboberfläche Ihrer FRITZ!Box ein Kennwort vergeben haben, müssen Sie es im FRITZ!Box Monitor über die links befindliche Schaltfläche *Kennwort* eintragen, damit die Software die Daten mit der FRITZ!Box synchronisieren kann.

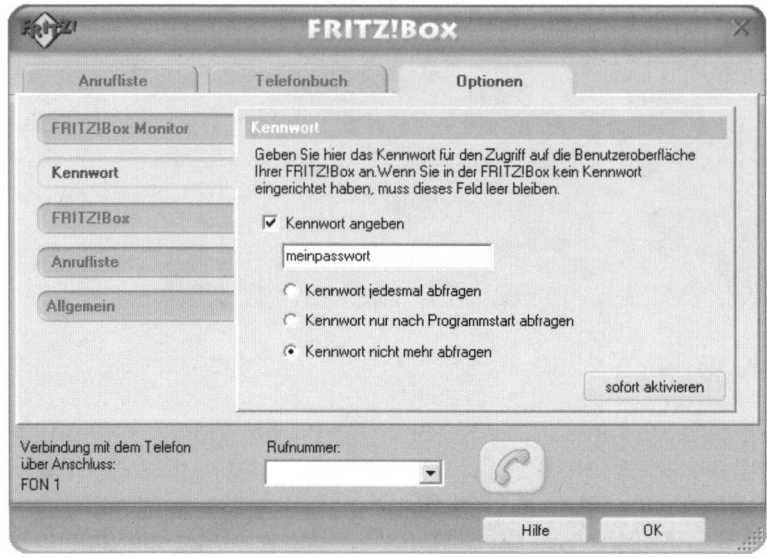

Bild 1.3 Um nicht jedes Mal erneut Ihr Passwort bestätigen zu müssen, empfiehlt es sich, die Option *Kennwort nicht mehr abfragen* auszuwählen.

Haben Sie keine Änderungen an den IP-Einstellungen Ihrer FRITZ!Box vorgenommen, können Sie die Schaltfläche *FRITZ!Box* vernachlässigen und zur nächsten Schaltfläche *Anrufliste* übergehen.

Setzen Sie dort einen Haken bei *Automatisch aktualisieren* und legen Sie das Intervall auf 60 Minuten fest.

4. Über die letzte Schaltfläche *Allgemein* legen Sie noch Ihre Ortsvorwahl fest und setzen – sofern eine Rückwärtssuche erwünscht ist – einen Haken bei *Rückwärtssuche automatisch starten*. Das führt dazu, dass bei einem eingehenden Anruf, zu dessen Nummer kein Telefonbucheintrag im internen Telefonbuch der FRITZ!Box existiert, die Software automatisch ein Browserfenster öffnet, das einen passenden Eintrag im öffentlichen Telefonbuch anzeigt, sofern einer existiert.

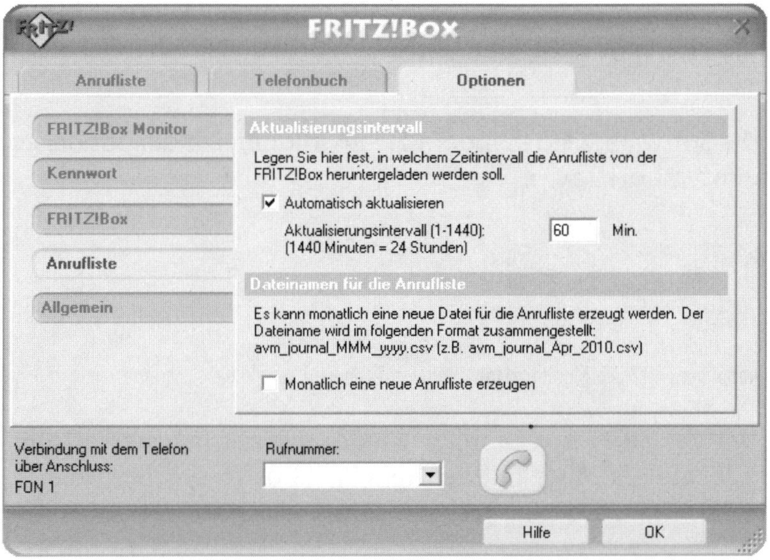

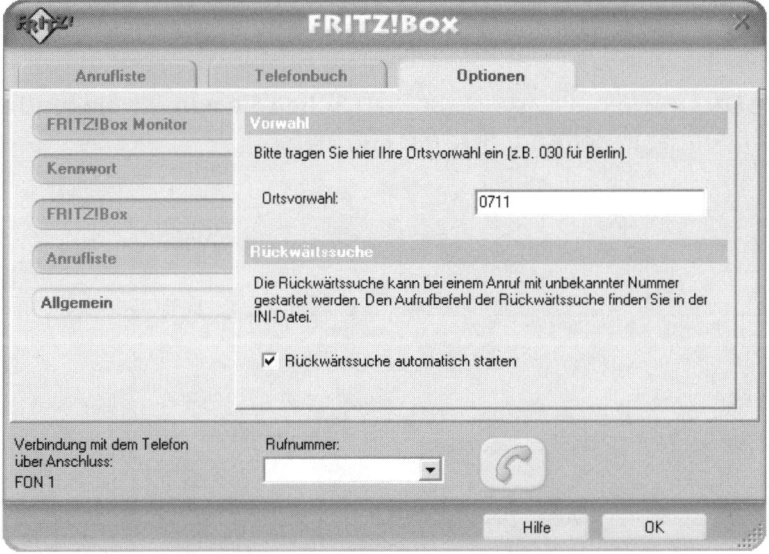

Bild 1.4 Damit die Anrufliste im FRITZ!Box Monitor aktuell gehalten wird, muss sie ab und zu anhand der *Anrufliste* der FRITZ!Box aktualisiert werden.

Bild 1.5 Neben der Festlegung der Ortsvorwahl kann hier die automatische Rückwärtssuche konfiguriert werden, die dafür sorgt, dass bei eingehenden Anrufen die zum Anrufer passenden Daten im öffentlichen Telefonbuch angezeigt werden.

5. Haben Sie die genannten Einstellungen vorgenommen, klicken Sie auf *OK*. Die Software sichert nun die Daten und legt sich in den Infobereich der Windows-Taskleiste.

   Sie öffnen die Software wieder, indem Sie im Infobereich der Taskleiste auf das Programmsymbol klicken.

Bild 1.6 Das Symbol des FRITZ!Box Monitor zeigt sich in der Taskleiste, sobald das Programm aktiv ist.

6. Nun erscheint der FRITZ!Box Monitor wieder mit der Registerkarte *Anrufliste*. Um die lokale Anrufliste mit der der FRITZ!Box zu synchronisieren, klicken Sie auf die folgende Schaltfläche:

Bild 1.7 Über dieses Symbol können Sie Ihre Daten mit den Daten der FRITZ!Box abgleichen.

7. Wurden die Daten erfolgreich synchronisiert, sehen Sie nun alle ein- und ausgegangenen Anrufe in der Anrufliste der FRITZ!Box.

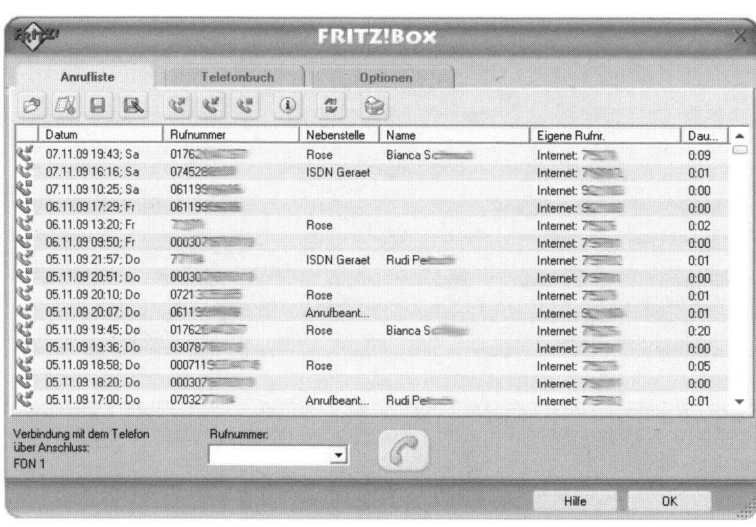

Bild 1.8 Diese Übersicht zeigt Anrufe, die über die FRITZ!Box geführt wurden.

8. Im Infobereich der Windows-Taskleiste läuft das Programm im Hintergrund weiter und wartet auf eingehende Anrufe. Geht ein Anruf ein, erscheint am rechten unteren Bildschirmrand ein kleines Fenster, das auf den eingehenden Anruf hinweist.

Bild 1.9 Ein neuer Anruf geht ein.

TIPP!

Anruferinfo anzeigen

Wenn Sie das interne Telefonbuch Ihrer FRITZ!Box über den FRITZ!Box Monitor oder auch über die Weboberfläche pflegen, erscheint auf allen an die FRITZ!Box angeschlossenen Telefonen, die die Übertragung von Namen per Subadressing unterstützen, der im FRITZ!Box-Telefonbuch hinterlegte Eintrag zum jeweiligen Anrufer.

Anrufbenachrichtigung auf dem Fernseher

Was auf dem Computer geht, geht auch mit dem Receiver, vorausgesetzt, es handelt sich um einen Receiver, der Linux als Betriebssystem einsetzt – z. B. Dreambox oder d-box 2 mit alternativem Betriebssystem.

⊡ LESEZEICHEN

http://bit.ly/9uHhJO
http://bit.ly/9GF0Sg

Dreambox-Anleitung: Hier finden Sie eine
Beschreibung und den Downloadlink.
Bei der vorgestellten Variante handelt es
sich um die Version für die d-box 2.

1. Ist diese Voraussetzung erfüllt, müssen Sie sich nur noch die Software »FRITZ!Box Call Monitor« downloaden, die Sie unter folgender URL finden:

⊡ LESEZEICHEN

http://bit.ly/dr4144

FRITZ!Box Call Monitor: Hier finden Sie
den FRITZ!Box Call Monitor.

2. Haben Sie die Software heruntergeladen, entpacken Sie sie mit einem der gängigen Packprogramme, wie z. B. WinRAR oder WinZIP. Öffnen Sie den entpackten Ordner und bearbeiten Sie die Datei *fritzboxcallmon.conf* mit einem Editor, der das UNIX-Format beherrscht.

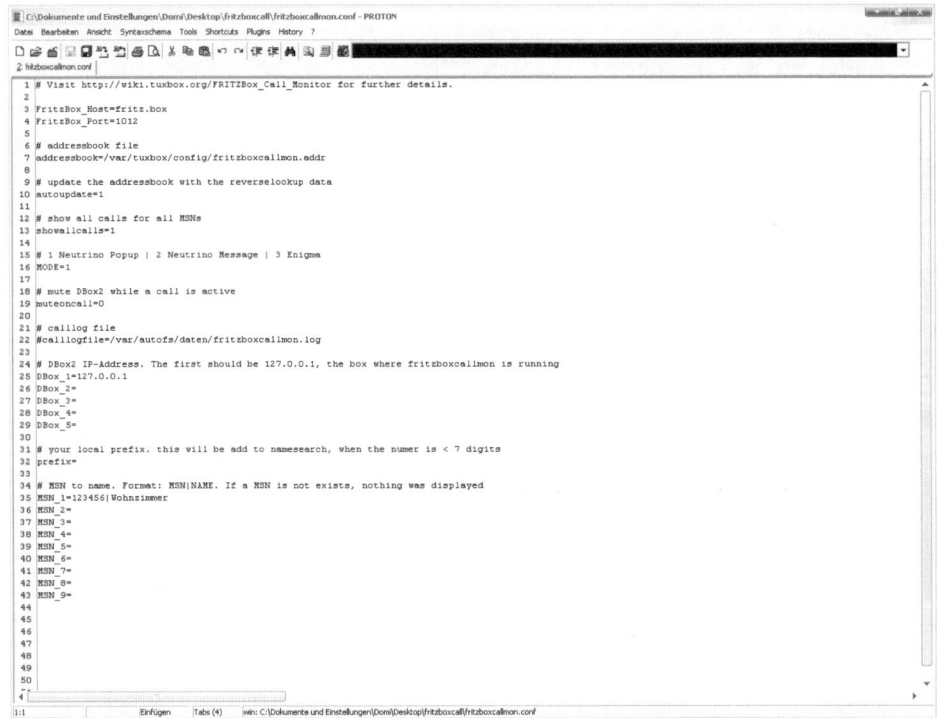

Bild 1.10 Der Proton-Editor ist das ideale Werkzeug zum Bearbeiten von Dateien im UNIX-Format.

⊡ LESEZEICHEN

http://www.planet-surfeu.de/programme/proton_setup.exe

Linux-kompatibler Editor: Benutzen Sie zum Bearbeiten von Dateien, die für Linux-Systeme bestimmt sind, immer einen kompatiblen Editor.

Bearbeiten Sie solche Dateien niemals mit dem Windows-eigenen Editor. Besitzen Sie keinen Linux-kompatiblen Editor, ist der Proton-Editor von Ulli Meybohm zu empfehlen, den Sie unter dieser URL finden.

3. Die geöffnete Datei *fritzboxcallmon.conf* enthält standardmäßig nachfolgend aufgeführte Werte. Wurden die DNS- und IP-Einstellungen Ihrer FRITZ!Box nicht verändert, können Sie die ersten zwei Zeilen überspringen.

```
FritzBox_Host=fritz.box
FritzBox_Port=1012

# addressbook file
addressbook=/var/tuxbox/config/fritzboxcallmon.addr

# update the addressbook with the reverselookup data
autoupdate=1

# show all calls for all MSNs
showallcalls=1

# 1 Neutrino Popup | 2 Neutrino Message | 3 Enigma
MODE=1

# mute DBox2 while a call is active
muteoncall=0

# calllog file
#calllogfile=/var/autofs/daten/fritzboxcallmon.log

# DBox2 IP-Address. The first should be 127.0.0.1,
the box where fritzboxcallmon is running
DBox_1=127.0.0.1
DBox_2=
DBox_3=
DBox_4=
DBox_5=
```

```
# your local prefix. this will be add to namesearch,
when the number is < 7 digits
prefix=
# MSN to name. Format: MSN|NAME. If a MSN is not exists, nothing
was displayed
MSN_1=123456|Wohnzimmer
MSN_2=
MSN_3=
MSN_4=
MSN_5=
MSN_6=
MSN_7=
MSN_8=
MSN_9=
```

Wenn Sie sich an die nachfolgende Installationsanleitung halten, müssen Sie auch bis zur Zeile *# show all calls for all MSNs* keine Änderungen vornehmen.

Wenn Sie die eingehenden Rufe aller MSNs (ihrer Rufnummern) signalisiert bekommen möchten, können Sie den Wert auf *showallcalls=1* lassen. Möchten Sie nur Anrufe für die unter *# MSN to name* festgelegten Nummern erhalten, ändern Sie den Wert auf *showallcalls=0*.

```
# show all calls for all MSNs
showallcalls=1
```

Sofern Sie wünschen, dass sich Ihre d-box 2 während eines eingehenden Anrufs automatisch stumm schaltet, ändern Sie den Wert von *muteoncall=0* auf *muteoncall=1*.

```
# mute DBox2 while a call is active
muteoncall=0
```

Bei *prefix=* müssen Sie Ihre Ortsvorwahl eingeben.

```
# your local prefix. this will be add to namesearch,
when the number is < 7 digits
prefix=
```

Für *# MSN to name. Format: MSN|NAME* geben Sie in der Zeile darunter jeweils Ihre MSN sowie |, gefolgt von der Bezeichnung ein, zum Beispiel *MSN_1=123456|Wohnzimmer* für das Telefon im Wohnzimmer, das unter der Rufnummer *123456* erreichbar ist.

```
# MSN to name. Format: MSN|NAME. If a MSN is not exists,
nothing was displayed
MSN_1=123456|Wohnzimmer
```

Haben Sie *showallcalls=0* gesetzt, erhalten Sie nur für die eingetragenen MSNs eine Anrufsignalisierung, andernfalls erhalten Sie für alle MSNs eine Benachrichtigung. Es ist empfehlenswert, auch bei *showcalls=1* die MSNs mit Bezeichnung einzutragen, da Sie bei einem eingehenden Anruf ebenfalls die Bezeichnung zu Gesicht bekommen.

4. Haben Sie alle notwendigen Daten eingetragen oder geändert, speichern Sie die Datei ab.

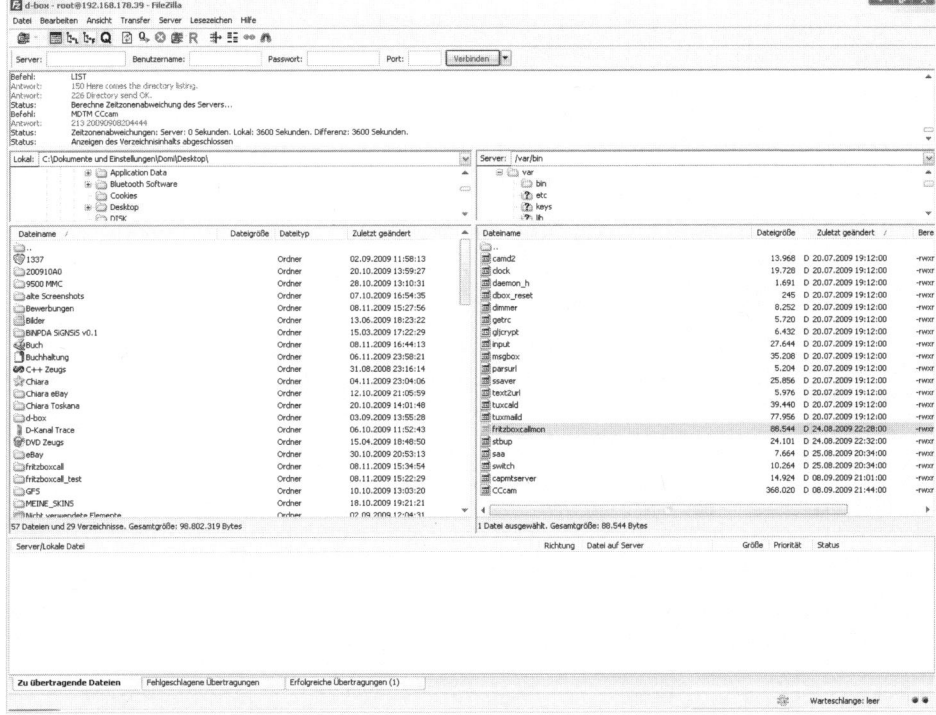

Bild 1.11 Benutzen Sie zum Kopieren der Dateien auf Ihre d-box 2 ein FTP-Programm wie z. B. FileZilla.

Dateiberechtigungen festlegen und Testlauf

1. Kopieren Sie die Datei *fritzboxcallmon* mithilfe eines FTP-Programms auf Ihre d-box 2 in das Verzeichnis */var/bin/* und ändern Sie die Dateirechte von */var/bin/fritzboxcallmon* auf *755*.

2. Kopieren Sie jetzt die beiden Dateien *fritzboxcallmon.conf* und *fritzboxcallmon.addr* auf die d-box 2 in das Verzeichnis */var/tuxbox/config/*.

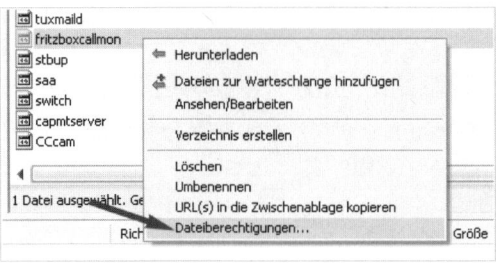

Bild 1.12 Dateirechte werden in FileZilla per Rechtsklick auf *Datei/Dateiberechtigungen* geändert.

Bild 1.13 Geben Sie bei *Numerischer Wert* den Wert *755* ein.

3. Den folgenden Schritt können Sie vernachlässigen, wenn Sie ihn bereits bei der Installation des FRITZ!Box Monitor im Abschnitt »Anrufbenachrichtigung auf dem Computer« ausgeführt haben.

4. Öffnen Sie den TCP-Port *1012* der FRITZ!Box – Telefoncode: *#96*5**.

   Um zu testen, ob das Programm funktioniert, klicken Sie auf *Start/Ausführen/ telnet IP* Ihrer d-box.

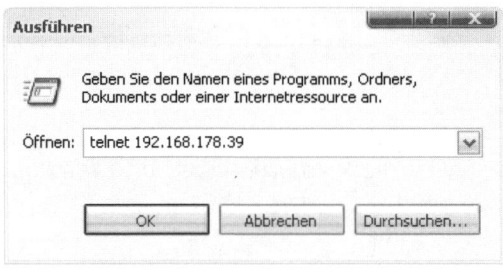

Bild 1.14 Die Telnet-Verbindung wird über *Ausführen* initiiert.

Telnet unter Windows 7 oder Vista nutzen

Setzen Sie Windows Vista oder Windows 7 ein, erscheint eine Fehlermeldung beim Versuch, den Telnet-Client aufzurufen. Das liegt daran, dass ab Windows Vista der Telnet-Client nur noch zu den optionalen Komponenten gehört und nicht mehr bei der standardmäßigen Windows-Installation mitinstalliert wird.

Um Telnet unter Windows Vista trotzdem nutzen zu können, rufen Sie in der Windows-Systemsteuerung den Eintrag *Programme* auf und wählen bei *Programme und Funktionen* den Eintrag *Windows-Funktionen ein- oder ausschalten* aus.

Im nächsten Dialog aktivieren Sie die Funktion *Telnet-Client* mit einem Häkchen. Nach einem Klick auf *OK* wird der Telnet-Client auf Ihrem System installiert.

5. Ist die Verbindung aufgebaut, geben Sie in das Telnet-Fenster den Befehl */var /bin/fritzboxcallmon -d* ein.

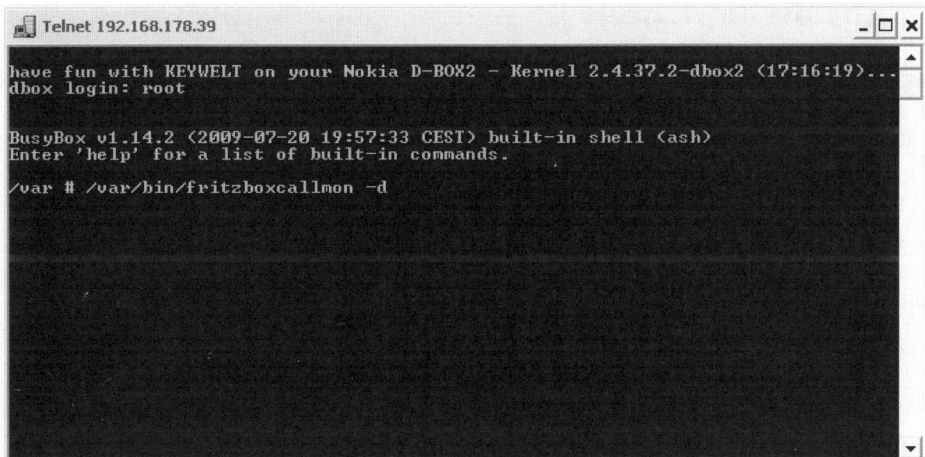

Bild 1.15 Aktive Telnet-Verbindung zur d-box 2.

Erscheint folgende Ausgabe, hat alles funktioniert, und Sie werden fortan über eingehende Anrufe über den Fernseher sowie per Display Ihrer d-box 2 benachrichtigt:

```
FRITZBoxFon Call Monitor 0.0.10
Show telefon calls on DBox2 GUI/LCD

Copyright (c) 2006 by mogway <mogway@yadi.org>
Visit http://wiki.tuxbox.org/FRITZBox_Call_Monitor for further
details.

start Debug Mode:
waiting for messages...
```

Ab sofort erscheint bei eingehenden Anrufen nun folgende Meldung auf Ihrem Fernseher:

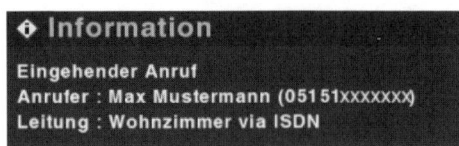

Bild 1.16 Ein eingehender Anruf wird auf dem Fernseher so dargestellt.

Das Programm zeigt neben der Rufnummer auch den passenden Namen zu der Telefonnummer an, sofern ein Eintrag im öffentlichen Telefonbuch existiert.

Autostart einrichten

Damit das Programm nicht bei jedem Neustart der d-box 2 manuell gestartet werden muss, müssen Sie sich die Datei *start_neutrino*, die auf der d-box 2 im Verzeichnis */var/etc/init.d/* zu finden ist, per FTP auf Ihren Rechner kopieren, sie wiederum mit einem UNIX-Editor öffnen und um folgende Zeile ergänzen:

```
/var/bin/fritzboxcallmon
```

Beispiel:

```
#!/bin/sh
# $Id: start_neutrino,v 1.10 2005/12/10 11:35:07 mogway Exp $
/var/bin/fritzboxcallmon
sectionsd
timerd
...
```

1.2 Mit beliebiger Absenderrufnummer telefonieren

Im nationalen ISDN ermöglicht das Leistungsmerkmal »CLIP -no screening« das Senden einer eigenen Absendernummer, die bei ausgehenden Anrufen auf dem Display des Angerufenen erscheint. Dieses Leistungsmerkmal ist beispielsweise dazu gedacht, dass Firmen bei ausgehenden Anrufen lieber die Durchwahl der Zentrale als Abgangsnummer übermitteln wollen und nicht die Rufnummer der Nebenstelle, von der aus angerufen wird.

> **ACHTUNG!**
>
> **§66j TKG!**
>
> 1. Anbieter von Telekommunikationsdiensten, die Teilnehmern den Aufbau von abgehenden Verbindungen ermöglichen, müssen sicherstellen, dass beim Verbindungsaufbau als Rufnummer des Anrufers eine vollständige national signifikante Rufnummer übermittelt und als solche gekennzeichnet wird. Die Rufnummer muss dem Teilnehmer für den Dienst zugeteilt sein, im Rahmen dessen die Verbindung aufgebaut wird.
>
> 2. Teilnehmer dürfen weitere Rufnummern nur aufsetzen und in das öffentliche Telefonnetz übermitteln, wenn sie ein Nutzungsrecht an der entsprechenden Rufnummer haben.
>
> Ein Verstoß gegen § 66 j TKG stellt eine Ordnungswidrigkeit dar und kann mit Bußgeld belegt werden.

Die Technik hinter der beliebigen Rufnummer

Um Missbrauch zu vermeiden, schaltet die Deutsche Telekom AG dieses Leistungsmerkmal nur an ISDN-Anlagen und Primärmultiplexanschlüssen, nicht aber an normalen und überwiegend im privaten Bereich verbreiteten ISDN-Mehrgeräteanschlüssen. Technisch gesehen, funktioniert das Leistungsmerkmal »CLIP -no screening« so:

Neben der eigenen einmaligen netzseitigen Rufnummer (network provided) wird bei einem ausgehenden Anruf mit aktiviertem »CLIP -no screening« zusätzlich zu dieser Rufnummer auch eine eigene Rufnummer (user provided, not screened) übermittelt, die dem Angerufenen gezeigt wird.

Im Gegensatz zur netzseitigen Rufnummer wird die selbst festgelegte Rufnummer von der Vermittlungsstelle nicht auf ihre Richtigkeit überprüft. Somit würde sich jede beliebige Rufnummer, die im nationalen Format vorliegt, als Abgangsrufnummer verwenden lassen.

Auch wenn dem Angerufenen nur die eigens festgelegte Rufnummer (user provided) gezeigt wird, so wird immer auch die netzseitige Rufnummer (network provided) mit übermittelt, die sich mithilfe spezieller Software auswerten lässt.

Ohne zusätzliches Leistungsmerkmal eine andere Nummer senden

Dank neuer Netzstrukturen und Techniken ist es heute privat kein Problem mehr, auch ohne ISDN-Anlagenanschluss oder sonstige Leistungsmerkmale seine eigene Rufnummer im öffentlichen Telefonnetz zu verbreiten. Hierfür benötigt man einen normalen DSL-Anschluss, da von der Internettelefonie (VoIP) Gebrauch gemacht wird.

Viele VoIP-Anbieter stellen ihren Kunden diese Funktion zur Verfügung, damit sie kostengünstig über den VoIP-Anschluss telefonieren können, ohne dass der Gesprächspartner eine andere Rufnummer sieht als die normale Festnetzrufnummer.

Bei den meisten Providern muss eine Rufnummer immer erst durch einen Kontrollanruf verifiziert werden, sodass sichergestellt ist, dass die später gesendete Rufnummer wirklich die eigene ist. Andere VoIP-Provider verzichten hingegen auf diese Verifizierungsmethode und lassen es damit zu, eine nicht überprüfte Rufnummer im öffentlichen Telefonnetz zu übertragen, so z. B. Sipgate.

Einrichten eines neuen VoIP-Benutzerkontos

Um in den Genuss zu kommen, eine andere als die eigene Rufnummer senden zu können, ist ein wenig Vorarbeit notwendig. Bei einem VoIP-Provider, der dieses Merkmal unterstützt, muss zuvor ein Benutzerkonto angelegt werden.

In diesem Beispiel wird die Prozedur anhand des Anbieters Sipgate gezeigt.

1. Um sich zu registrieren, rufen Sie in Ihrem Internetbrowser die URL *www.sipgate.de* auf. Nach einem Klick auf den Textlink *Anmeldung* werden Sie gebeten, Ihre Vorwahl einzugeben.

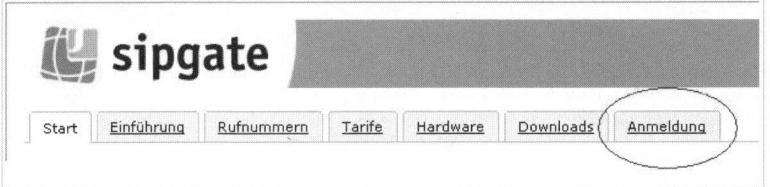

Bild 1.17 Sipgate-Startseite aufrufen.

2. Ist das geschehen, fahren Sie fort, indem Sie den kostenlosen Tarif *Sipgate Basic* auswählen. Anschließend legen Sie einen Benutzernamen und ein Passwort fest und bestätigen Ihre Identität.

3. Haben Sie den Vorgang erfolgreich abgeschlossen, können Sie sich einloggen und gegebenenfalls Ihr Benutzerkonto aufladen, um Gespräche ins Fest- und Mobilfunknetz zu führen.

Das neu angelegte Benutzerkonto in Betrieb nehmen

Um Ihren Account nun auch nutzen zu können, müssen Sie eine VoIP-Software verwenden, um mittels Headset über Ihren PC telefonieren zu können. Alternativ können Sie, falls vorhanden, Ihre VoIP-Telefonanlage (z. B. AVM FRITZ!Box Fon) oder ein VoIP-Telefon für den Betrieb mit Ihrem Sipgate-Account konfigurieren.

Sollten Sie sich für die letztere Variante entscheiden, finden Sie im *Hilfe-Center* von Sipgate Konfigurationsanleitungen für zahlreiche Endgeräte. Möchten Sie über ein Headset oder Mikrofon telefonieren, bietet sich die bereits vorkonfigurierte VoIP-Software von Sipgate an, die Sie unter dieser URL finden: *https://secure.sipgate.de/user/download_xlite.php*.

Welche Rufnummer soll gesendet werden?

War die Konfiguration erfolgreich, sind Sie nur noch einen Katzensprung von Ihrem Ziel entfernt.

Im Sipgate-Kundenmenü finden Sie unter dem Menüpunkt *Einstellungen* und dem Unterpunkt *Telefonie* die Kategorie *Absenderrufnummer setzen*.

Hier können Sie nach Belieben eine eigene Absenderrufnummer definieren, solange diese im nationalen Format vorliegt (*01234123456*).

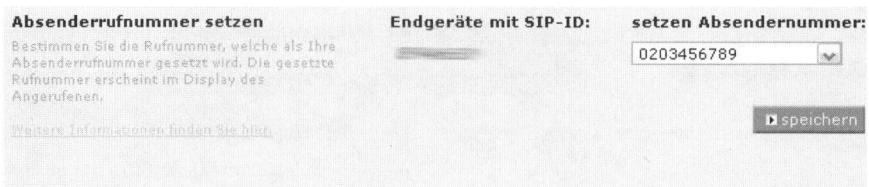

Bild 1.18 Eine eigene Absendernummer bestimmen.

Nach Beenden der Konfiguration ist es nun möglich, über den Sipgate-Benutzeraccount zu telefonieren, sodass beim Angerufenen anstelle der eigenen die zuvor festgelegte Rufnummer auf dem Display sichtbar wird:

Bild 1.19 Eingehender Anruf mit angepasster Rufnummer.

1.3 Echte Rufnummer von Callcentern sehen

Laut dem neu in Kraft getretenen Gesetz zur Bekämpfung unlauterer Telefonwerbung müssen Callcenter bei Anrufen stets ihre Nummer übertragen und dürfen sie nicht mehr unterdrücken. Doch dabei nutzen die Callcenter eine Lücke im Gesetz:

Sie sind nur verpflichtet, eine Nummer zu übertragen. Ob es sich dabei jedoch um die eigene Rufnummer handelt, ist egal.

Aus diesem Grund übertragen Callcenter für ihre ausgehenden Anrufe häufig Servicenummern (0180, 0900), für die bei einem Rückruf Mehrkosten anfallen.

Wie bereits im vorherigen Kapitel erwähnt, machen Callcenter vom Leistungsmerkmal »CLIP -no screening« Gebrauch. Da bei diesem Merkmal neben der Servicenummer auch die echte, netzwerkseitige Rufnummer übermittelt wird, kann diese mithilfe eines Computers ausgelesen werden.

VORAUSSETZUNG!

ISDN-Anschluss

Um die netzwerkseitige Rufnummer eines Anrufers auslesen zu können, müssen Sie über einen ISDN-Anschluss sowie über eine ISDN-Karte bzw. einen Router mit ISDN-Controller (z. B. AVM FRITZ!Box Fon) verfügen.

Voraussetzungen schaffen

Um in der Lage zu sein, die im D-Kanal übertragenen Daten mitzuschneiden, müssen Sie als Erstes die passende Software herunterladen. Hierfür eignet sich das Programm »D-Trace« von AVM am besten, das Sie unter folgender URL finden:

⊡ LESEZEICHEN

http://bit.ly/ddV7Zl

AVM D-Trace: Laden Sie sich D-Trace auf Ihre Festplatte.

Auch wenn im Programmtitel der Name »… für FRITZ!Box« steckt, lässt sich dieses Programm auch mit allen anderen ISDN-Controllern verwenden.

Nach dem Herunterladen und Entpacken des ZIP-Archivs starten Sie die Anwendung über einen Doppelklick auf die Datei *fritzbox.bat*.

TIPP!

Trace-Schnittstelle aktivieren

FRITZ!Box-Nutzer, die das Programm verwenden wollen, müssen einmalig an einem an der FRITZ!Box angeschlossenen Telefon den Zifferncode *#96*3** wählen, um die Trace-Schnittstelle zu aktivieren.

Funktionsweise von D-Trace

Nach dem Start von *fritzbox.bat* erscheint folgendes Kommandozeilenfenster, in dem zunächst nur die abgebildeten Textzeilen erscheinen. Sobald ein Anruf eingeht, werden alle aktuellen Vorgänge im Fenster gezeigt.

Zusätzlich zur direkten Bildschirmausgabe via Kommandozeilenfenster legt D-Trace die Datei *dtrace.txt* an, in der alle Vorgänge festgehalten werden, sodass Anrufe auch zu einem späteren Zeitpunkt noch ausgewertet werden können.

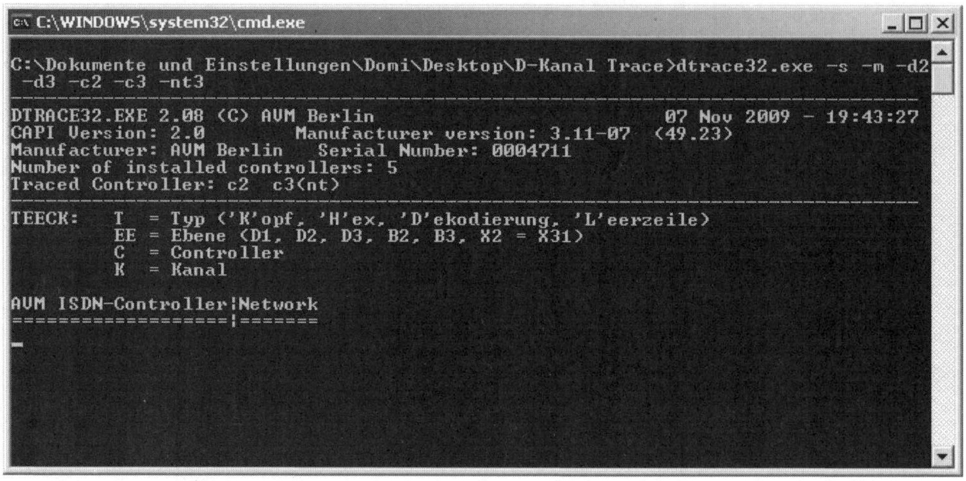

Bild 1.20 D-Trace nach dem ersten Start.

Verschaffen Sie sich einen Überblick

Geht ein Anruf ein, bleibt meist zu wenig Zeit, ihn im kleinen Kommandozeilenfenster mitzuverfolgen. Deshalb können Sie durch Öffnen der Datei *dtrace. txt*, die im selben Verzeichnis wie die Datei *fritzbox.bat* liegt, alle vorangegangenen Ereignisse einsehen.

Bei Hereinkommen eines Anrufs werden im Logfile neben nützlichen Informationen auch jede Menge Steuerinformationen gespeichert, was dazu führt, dass das Protokoll ein wenig unübersichtlich wird.

Um die gesuchten Informationen schneller zu finden, lassen Sie folgende Textzeilen außer Acht:

```
KD220  Controller 2 (RECEIVE) D2 Channel 0 00:18:48:75
HD220  02 D3 01 09
```

```
DD220   Sapi=000 Tei=105
DD220   Cmd:RR(P=1 Nr=004)
```

Ein Callcenter ruft an

Ruft nun ein Callcenter an, das eine Servicenummer als Absenderkennung trägt, wird der Anruf mittels D-Trace mitprotokolliert:

```
DD320   Protocol discriminator Q.931: 08
DD320   Call reference (from originator): 01
DD320   SETUP: 05
DD320   sending complete: A1
DD320   bearer capability: 04 03 80 90 A3
DD320   Information transfer capability: speech
DD320   Transfer mode: Circuit mode
DD320   Information transfer rate: 64 kbit/s
DD320   channel identification: 18 01 89
DD320   Interface type: basic interface
DD320   Preferred/exclusive: exclusive
DD320   D-channel indicator: not the D-channel
DD320   Information channel selection: B1 channel
DD320   calling party number: 6C 0C 21 80 38 30 30 31 30 31 33 34 34 39
DD320   Type of number: national number
DD320   Numbering plan: ISDN/Telephony
DD320   Calling party number: 8001013449
DD320   calling party number: 6C 0B 21 83 33 30 35 39 30 30 32 37 30
DD320   Type of number: national number
DD320   Numbering plan: ISDN/Telephony
DD320   Calling party number: 305900270
DD320   called party number: 70 07 C1 37 39 37 38 31 32
DD320   Type of number: subscriber number
DD320   Numbering plan: ISDN/Telephony
DD320   Called party number: 123456
```

Auswertung der Protokollinformationen

Dieser kurze Protokollauszug beinhaltet jede Menge Informationen: Folgende Zeile gibt zum Beispiel an, um welche Art von Kommunikation es sich handelt:

```
DD320   Information transfer capability: speech
```

Hier handelt es sich bei *speech* um Sprache. Die Diensterkennung *speech* deutet darauf hin, dass der Gesprächspartner über ISDN verfügt.

3.1 kHz audio würde zum Beispiel auf einen Gesprächspartner mit einem analogen Anschluss hindeuten. Die Verkehrsausscheidungsziffer *0* spielt im D-Kanal keine Rolle, da durch die Zeile

```
DD320   Type of number: national number
```

angegeben wird, dass es sich um eine nationale Nummer handelt, der eine *0* vorangestellt werden muss. Aus diesem Grund fehlt die führende *0* bei allen Telefonnummern der eingehenden Anrufe im Logfile.

Folgende Zeile zeigt die Rufnummer, die auf dem Display des Angerufenen zu sehen ist (user provided):

```
DD320   Calling party number: 8001013449
```

Einige Absätze darunter lässt sich nun die »echte« Rufnummer (network provided) des Anrufers sehen:

```
DD320   Calling party number: 305900270
```

Schlussendlich wird in der letzten Zeile die Rufnummer dargestellt, für die der Anruf bestimmt ist:

```
DD320   Called party number: 123456
```

Nun wissen Sie, dass der Anrufer mit der auf dem Telefondisplay angezeigten Rufnummer *08001013449* in Wahrheit aus Berlin stammt und die echte Rufnummer *0305900270* ist.

1.4 Mit dem Handy zum Festnetztarif telefonieren

Handys der neusten Generation sind zusätzlich zu den immer beliebter werdenden Multimedia-Funktionen mehr und mehr für die Nutzung des mobilen

Internets ausgerüstet. Aus diesem Grund gibt es beim Abschluss vieler neuer Mobilfunkverträge entsprechende Datenoptionen, die ein gewisses Datenkontinent beinhalten – meist sogar ohne Aufpreis.

Weil UMTS genau die richtige Geschwindigkeit bietet, um Telefonate über das Internet in guter Qualität führen zu können, ist es eine gute Möglichkeit, bares Geld beim mobilen Telefonieren zu sparen. Auch wenn viele Netzbetreiber eine Nutzung von Internettelefonie über das UMTS-Netz untersagen, wird es dennoch toleriert.

TIPP!

Voraussetzung UMTS-Handy

Um dieses Feature nutzen zu können, müssen Sie über ein UMTS-fähiges Mobiltelefon verfügen, das einen integrierten VoIP-Client hat (z. B. viele Geräte der Nokia E-Serie). Auch ist es dringend angeraten, über einen Datentarif mit genug Inklusivvolumen oder, besser, eine mobile Internetflatrate zu verfügen.

Beachten Sie, dass durch die Nutzung von VoIP ohne Datentarif oder mobile Internetflatrate sehr hohe Kosten anfallen können.

Neben einem UMTS-fähigen Mobiltelefon, das mit einem VoIP-Client ausgerüstet ist, müssen Sie über ein Benutzerkonto für Internettelefonie verfügen. Sofern Sie sich, wie im vorherigen Kapitel beschrieben, ein Benutzerkonto bei Sipgate angelegt haben, können Sie dieses natürlich auch auf Ihrem Handy nutzen.

Im folgenden Beispiel werden die nötigen Schritte anhand des integrierten Nokia SIP-Clients (Internettelefon) aufgezeigt, der bei vielen Modellen identisch oder nur wenig unterschiedlich ist. Die dazugehörigen Bildschirmabbildungen vom SIP-Client zeigen die Version, die auf dem Nokia E90 Communicator zu finden ist.

Außerdem erhalten Sie im nächsten Abschnitt eine Musterkonfiguration für den VoIP-Anbieter Sipgate, sodass die Konfiguration Schritt für Schritt auf einfachste Weise vorgenommen werden kann.

Mobiltelefon für Internettelefonie fit machen

Um einen VoIP-Account auf dem Mobiltelefon nutzen zu können, müssen Sie folgende Schritte gehen:

1. Öffnen Sie das Menü auf dem Handy und wählen Sie *System/Einstellungen/ Verbindung* aus.

Bild 1.21 Funktionen im Menü *Verbindung*.

2. In diesem Menüabschnitt wählen Sie zunächst *SIP-Einstellungen* aus, im darauffolgenden Menü *Optionen/Neues Profil* und anschließend *Stand.-profil verwenden*.

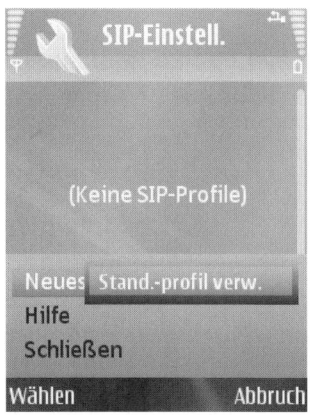

Bild 1.22 Ein neues SIP-Profil anlegen.

3. Für *Profilname* können Sie *Sipgate* oder alternativ auch einen beliebigen anderen Namen verwenden. Für die folgenden Auswahlfelder verwenden Sie für eine reibungslose Konfiguration am besten diese Daten:

```
Dienstprofil:          IETF
Standard-Zug.-Punkt:   Ihr WLAN oder Ihre UMTS-
Internetverbindung
```

```
Öff-Benutzername:         Ihre Sipgate-Kundennummer @sipgate.de
                          (z. B. 12345@sipgate.de)
Komprimier. verwend.:     Nein
Anmeldung:                Bei Bedarf
Sicherh.-mech. verw.:     Nein
```

Öffnen Sie das Untermenü "Proxyserver", um dort folgende Einstellungen einzutragen:

```
Proxyserver-Adresse:      sip:sipgate.de
Gebiet:                   (frei lassen)
Benutzername:             Ihre Sipgate-Kundennummer (z. B. 12345)
Passwort:                 Ihr SIP-Passwort (zu finden bei: https://
                          secure.sipgate.de/user/settins.php)
Loose Routing erlauben:   Ja
Transporttyp:             UDP
Port                      5060
```

4. Anschließend wechseln Sie in das vorherige Menü zurück und wählen den Eintrag *Anmeldeserver*. Dort tragen Sie dann folgende Daten ein:

```
Anmeldeserver-Adresse:    sip:sipgate.de
Gebiet:                   sipgate.de
Benutzername:             Ihre Sipgate-Kundennummer
Passwort:                 Ihr SIP-Passwort
Transporttyp:             UDP
Port:                     5060
```

5. Nun können Sie auch dieses Menü verlassen und zu *System/Einstellungen/ Verbindungen* zurückwechseln. Hier wählen Sie den Eintrag *Web-Tel.* aus, um den internen VoIP-Client für die SIP-Telefonie mit den zuvor festgelegten Daten nutzen zu können.

Bild 1.23 Funktion *Web-Tel.* auswählen.

6. Gehen Sie in diesem Menü wie folgt vor: Wählen Sie *Optionen/Neues Profil* aus. Sie können dem neu angelegten Profil wieder den Namen *Sipgate* geben. Bei *SIP-Profil* wählen Sie das unter *SIP-Einstellungen* eingerichtete Profil aus

Bild 1.24 Neu angelegtes Profil.

7. Wenn Sie diesen Schritt abgeschlossen haben, können Sie den VoIP-Client starten, den Sie im Hauptmenü unter *Verbindung/Internet-Tel.* finden.

8. Nach dem Start der Anwendung wählen Sie *Optionen/Einstellungen*, um zu kontrollieren, ob bei *Standard-Anrufart* die Auswahl *Internetanruf* gesetzt ist. Wenn ja, können Sie über *Zurück* in die Anwendung zurückkehren. Andernfalls korrigieren Sie die Auswahl, indem Sie *Internetanruf* als *Standard-Anrufart* auswählen, und kehren dann zur Anwendung zurück.

TIPP!

Einige Sekunden Verzögerung

Wenn Sie das UMTS-Netz für Internettelefonie nutzen, kann es – bedingt durch eine lange Signallaufzeit – vorkommen, dass Ihr Gesprächspartner Sie mit einigen Sekunden Verzögerung hört.

---

9. Die *Internet-Telefon*-Anwendung sucht in einem bestimmten Intervall immer nach verfügbaren Zugangspunkten – entweder nach einem WLAN-Zugangspunkt oder bei verfügbarem UMTS-Netz einem UMTS-Zugangspunkt.

Bild 1.25 Zugangspunkte werden gesucht.

10. Wählen Sie den Zugangspunkt aus, den Sie für die Internettelefonie nutzen möchten. Wurde die Verbindung erfolgreich hergestellt, können Sie die Anwendung schließen.

11. Auf dem Display erscheint nun in der rechten oberen Ecke eine Weltkugel mit Telefon. Um zu testen, ob die Verbindung stabil ist, können Sie die Rufnummer *10000* oder *10005* wählen.

Sofern Sie ausreichend Guthaben auf Ihrem Sipgate-Konto haben, können Sie nun zum Festnetztarif mit Ihrem Handy telefonieren. Haben Sie eine UMTS-Internetflatrate, können Sie dauerhaft im Netz eingebucht bleiben und sind fortan nun auch unter Ihrer von Sipgate vergebenen Festnetzrufnummer erreichbar.

1.5 Anonym SMS-Nachrichten versenden

Ein Thema, das für viele Anbieter eine eigene Geschäftsidee darstellt, ist das anonyme Versenden von SMS-Nachrichten. Dabei müssen Anwender, die anonym Kurzmitteilungen versenden wollen, für die Dienste des Anbieters meist einen happigen Aufpreis zu den eigentlichen SMS-Gebühren hinblättern.

Was viele Nutzer nicht wissen: Das Versenden von anonymen Mitteilungen geht ganz ohne Aufpreis vom eigenen Handy aus! Dafür müssen Sie allerdings einige Dinge beachten. Welche das sind, erfahren Sie jetzt.

• Sie sollten unter anderem schon vorab wissen, welches Gerät derjenige besitzt, dem Sie eine anonyme SMS senden möchten. Auch müssen Sie beachten, dass Sie nicht von jedem Gerät aus eine anonyme SMS versenden können.

- Die besten Chancen, eine anonyme Kurzmitteilung versenden zu können, haben Sie, wenn Sie im Besitz eines Windows Phone-Geräts sind.

- Nicht ganz so viele Möglichkeiten bietet ein mit dem Betriebssystem Symbian ausgestattetes Gerät.

- Sofern Sie kein Gerät besitzen, das ein Windows Phone- oder Symbian-Betriebssystem besitzt, bleibt immer noch die Möglichkeit, sich zu erkundigen, ob Ihr Mobilfunkprovider nicht ebenfalls einen solchen Service, z. B. über die Weboberfläche im Kundenmenü, anbietet.

> **TIPP!**
>
> ### 100%ige Anonymität
>
> 100%ige Anonymität gibt es beim Versenden von Mitteilungen über das Mobilfunknetz nicht. Dem Netzbetreiber ist Ihre Mobilfunknummer zu jeder Zeit bekannt, auch wenn sie für den eigentlichen Empfänger der Nachricht verborgen bleibt.

SMS-Versand mit Windows Phone

Um das Windows Phone für den Versand von anonymen Kurzmitteilungen fit zu machen, müssen Sie als Erstes ein Programm namens »HushSMS« auf Ihrem Smartphone installieren, das Sie von der Silentservices-Website herunterladen können.

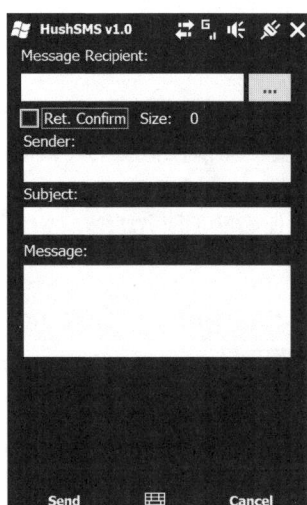

☐ LESEZEICHEN

http://bit.ly/11P8Ul

HushSMS: Hier laden Sie HushSMS auf Ihre Festplatte.

Bild 1.26 HushSMS v1.0.

HushSMS stellt viele Funktionen bereit, die es ermöglichen, Mitteilungen auf unterschiedlichste Art und Weise zu versenden. Je nachdem, auf welche Art Sie Ihre Mitteilung verschicken, bleibt Ihre Mobilfunkrufnummer dem Empfänger verborgen. Welche Versandmöglichkeiten von HushSMS bereitgestellt werden, können Sie der folgenden Auflistung entnehmen.

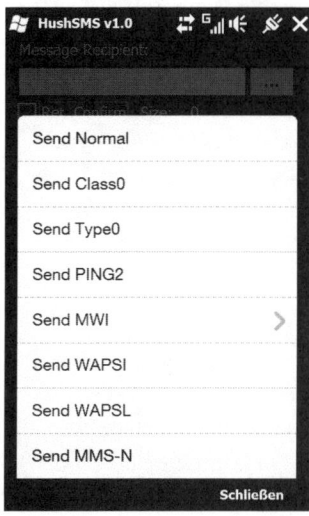

Bild 1.27 Kontextmenü *Send* mit den Versandmöglichkeiten.

Option	Beschreibung
Normal	Normale SMS, die Ihre Mobilfunknummer preisgibt.
Class0	Sogenannte Flash-SMS, die direkt auf dem Display des Empfängers erscheint, ohne dass dieser die SMS erst aufrufen muss.
Type0	Auch Ping-SMS genannt. Eine Mitteilung, die vom Mobiltelefon des Empfängers empfangen wird, wobei dieser davon jedoch nichts mitbekommt. Type0-SMS zeigen dem Sender an, ob das Gerät des Empfängers eingeschaltet und empfangsbereit ist.
PING2	Wenn der Netzbetreiber Type0-SMS deaktiviert hat, kann eine PING2-SMS gesendet werden, die technisch anders funktioniert, jedoch denselben Zweck wie eine Type0-SMS erfüllt.
MWI	Durch Message Waiting Indicator (MWI) werden neue Sprachnachrichten, E-Mails oder Faxe auf der Mailbox durch ein Symbol auf dem Handydisplay signalisiert. Durch das Versenden einer Nachricht als MWI erscheint dann ein solches Benachrichtigungssymbol, obwohl so lange keine neue Nachricht vorliegt, bis eine weitere MWI-Nachricht versendet wird, die das Symbol deaktiviert.

Tabelle 1.1 Versandmöglichkeiten mit HushSMS

Option	Beschreibung
WAPSI	WAP Push SI (Service Indication) ist eine spezielle Art der Dienstmitteilung, die es dem Netzbetreiber normalerweise auf einfachste Art ermöglicht, Kunden über neue Webinhalte zu informieren. Viele Mobiltelefone zeigen bei einer solchen Mitteilung die Rufnummer des Absenders nicht an.
WAPSL	Beim Empfang einer WAP Push SL-(Service Load-)Nachricht hat der Empfänger anders als bei einer WAP Push SI-Mitteilung keine Möglichkeit, das Ausführen der Mitteilung zu verhindern. Es wird nicht einmal über den Empfang der Mitteilung informiert, und somit erfährt der Empfänger möglicherweise gar nicht, dass eine SL empfangen wurde, da diese direkt in den Cache geladen wurde. Obwohl das ein offensichtliches Sicherheitsproblem darstellt, verzichtete das WAP-Forum auf konkrete Sicherheitsspezifikationen und gab nur einige Richtlinien zum Schutz von Clients vor Missbrauch aus. Daher ist die Annahme von SL-Nachrichten bei vielen Mobiltelefonen und PDAs (abgesehen von einigen HTC-Modellen) deaktiviert.
MMS-N	Eine MMS-Notification (Benachrichtigung) soll den Empfänger normalerweise über den Erhalt einer MMS benachrichtigen, die bei einem Serviceprovider hinterlegt wurde, und enthält Informationen darüber, von wem die hinterlegte MMS stammt, sowie über deren Betreff und die URL, unter der die MMS abgerufen werden kann. Viele Smartphones zeigen jedoch die Absendernummer einer solchen Mitteilung nicht an, was dazu führt, dass diese Art von Mitteilung zum Senden anonymer Texte genutzt werden kann.

Tabelle 1.1 Versandmöglichkeiten mit HushSMS *(Forts.)*

Welche Geräte sind für welche Methoden am anfälligsten?

Bild 1.28 Flash-SMS auf einem Windows Phone-Gerät.

Es ist wichtig zu wissen, welches Gerät der Empfänger besitzt, weil jedes Handy oder Smartphone unterschiedlich auf die eingehenden Mitteilungen reagiert. Während ein Smartphone von Nokia mit Symbian OS-Betriebssystem bei einer eingehenden *Class0* (Flash-SMS) die Absenderrufnummer korrekt darstellt, erscheint dagegen auf dem Display eines Windows Phone-Geräts nur ein Pop-up-Fenster mit dem Titel *Message from Network*.

Sicherheitslücken: Sony Ericsson-Geräte

Ein Großteil der Sony Ericsson-Handys (abgesehen von Symbian- und Windows Phone-Geräten, wie zum Beispiel P800, P900, P910, P990, M600, W950, P1, P1i, W960, G900, G700 und Satio) zeigt beim Empfang von WAP Push SI-Nachrichten nicht die eigentliche Absenderrufnummer, sondern einen Standardwert an.

Auch beim Erhalt von MMS-Benachrichtigungen zeigen Geräte von Sony Ericsson keine Rufnummer des Absenders an, sondern präsentieren lediglich die in HushSMS unter *Sender* und *Subject* eingegebene Werte.

- Daher ist beim Versenden von Mitteilungen mittels HushSMS, die für ein Sony Ericsson bestimmt sind, *WAPSI* oder aber auch *MMS-N* zu wählen. Möchte man eine URL mitsenden, sollte man sich für die erstere Variante entscheiden. Soll die Mitteilung reinen Text enthalten, ist *MMS-N* empfehlenswert.

Sicherheitslücken: RIM BlackBerry-Geräte

Sowohl beim Erhalt von MMS-Benachrichtigungen als auch beim Empfang von WAP Push SI-Nachrichten scheitern Blackberrys an der Darstellung der korrekten Absenderrufnummer. Geht eine WAP Push SI-Nachricht ein, wird die Rufnummer des SMS-Centers dargestellt, über das die Nachricht gesendet wurde. Bei MMS-Benachrichtigungen verhalten sich Blackberrys genau so wie die Geräte von Sony Ericsson und zeigen ausschließlich das an, was in HushSMS unter *Sender* und *Subject* definiert wurde.

- Mitteilungen an ein Blackberry-Gerät sollte man als MMS-Notification (*MMS-N* in HushSMS) versenden, da dem Empfänger somit auch die Information des verwendeten SMS-Centers unzugänglich gemacht wird.

Sicherheitslücken: Nokia-Geräte

Mobiltelefone von Nokia lassen sich nicht so einfach in die Irre führen. Egal als was eine Mitteilung gesendet wurde, die Absenderrufnummer wird immer preisgegeben. Sollte sie bei der Ansicht einer Mitteilung nicht sichtbar sein, wird sie dennoch in der Mitteilungsübersicht im Posteingang angezeigt.

- Wer seine Rufnummer vor einem Nokia-Nutzer verbergen will, hat schlechte Karten. Möchte man aber eine »selbstzerstörende« Mitteilung senden, kann man in HushSMS *Class0* auswählen. Diese Mitteilung öffnet sich automatisch und wird beim Schließen der Mitteilungsansicht gelöscht.

Sicherheitslücken: Motorola-Geräte

Wie die Geräte von Sony Ericsson und RIM verhalten sich auch die meisten Geräte von Motorola: Sie zeigen bei eingehenden WAP Push SI-Nachrichten nur eine Standardinformation an und gewähren dem Sender somit Anonymität.

- Ist Ihre Nachricht für einen Besitzer eines Motorola-Geräts bestimmt, sollten Sie auf jeden Fall *WAPSI* als Versandart auswählen.

Sicherheitslücken: HTC-Geräte oder andere Windows Phone-Geräte

Windows Phone bietet sich nicht nur für den Versand anonymer Mitteilungen an, sondern »leider« auch für den Erhalt solcher Mitteilungen. Nicht nur das System allein bestimmt, welche Mitteilungen es wie empfangen möchte, sondern auch der Hersteller des Geräts kann beeinflussen, wie das Gerät reagieren soll.

Der Hersteller HTC konfigurierte einige seiner Geräte so, dass eingehende WAP Push SL-Mitteilungen ausgeführt werden. Das heißt, dass der Benutzer keinen Einfluss darauf nehmen kann und es einem potenziellen Angreifer somit ermöglicht wird, ohne das Wissen des Nutzers Schadsoftware auf dem Gerät auszuführen (siehe hierzu auch Abschnitt »Over-the-air-Angriff« in Kapitel 2).

Generell ist es so, dass Windows Phone relativ leicht dazu gebracht werden kann, die Absenderrufnummer einer Mitteilung zu verbergen.

Das System zeigt schon bei ankommenden Flash-SMS keine Rufnummer an, sondern präsentiert stattdessen ein Pop-up-Fenster mit dem Titel *Message from Network*. Allerdings ist es bei einigen Versionen von Windows Phone möglich, durch das Auswählen der Option *Save* die Rufnummer des Senders in Erfahrung zu bringen.

Da es sich aber um eine Flash-SMS handelt, ist die Chance recht groß, dass man im ersten Moment nicht den *Save*-Button auswählt, sondern eine andere Stelle auf dem Bildschirm erwischt. Somit verschwindet auch diese Mitteilung im Datennirvana.

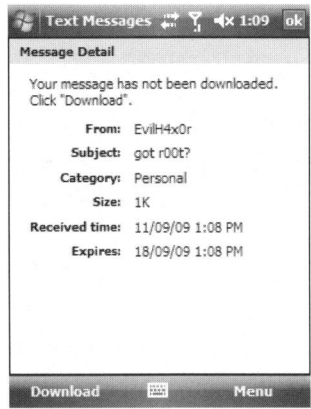

Bild 1.29 MMS-Notification auf einem Windows Phone-Gerät.

Ansonsten zeigt das Betriebssystem die gleichen Schwächen wie die zuvor aufgeführten Systeme. Unter anderem reagiert das Windows Phone auf MMS-Benachrichtigungen (siehe obige Abbildung) und WAP Push SI-Nachrichten genau so wie die Geräte von Sony Ericsson.

SMS-Versand mit Symbian OS

Wie bereits zu Anfang dieses Kapitels erwähnt, bietet das Betriebssystem Symbian sehr wenige Möglichkeiten, anonym Mitteilungen zu versenden. Die wichtigsten Programme, die Symbian um zwei nützliche Funktionen erweitern, sind einmal die kostenlose Freeware »Free iSMS«, die dafür sorgt, dass nun auch das Senden von Flash-SMS möglich ist, sowie die kostenpflichtige Software »CoolSMS+«, die das Versenden von WAP Push SI-Nachrichten unterstützt und ebenso das Versenden von Flash-SMS.

Sie haben also die Qual der Wahl; entscheiden Sie, wie viel Ihnen die Funktionserweiterung Ihres Smartphones wert ist.

CoolSMS+

CoolSMS+ können Sie von der Website des Herstellers herunterladen. Ebenso können Sie sich unter folgender URL die Demoversion von CoolSMS+ für Symbian OS v3 und v4 besorgen, die im Funktionsumfang ein wenig eingeschränkt ist. Dafür können Sie mit Ihrem Smartphone nun ohne Probleme Flash-SMS und WAP Push SI-Nachrichten versenden.

⊡ LESEZEICHEN

http://bit.ly/aPsYiz

CoolSMS: Hier laden Sie CoolSMS+
auf Ihre Festplatte.

Free iSMS

Haben Sie sich für die kostenlose Variante Free iSMS entschieden, ist noch ein wenig Vorarbeit notwendig, um das Programm auf Ihrem Smartphone installieren und ausführen zu können. Symbian fordert seit der Version S60 v3 eine signierte Software, was verhindern soll, dass Schadsoftware oder gecrackte Programme ohne Weiteres auf dem Smartphone ausgeführt werden können.

Da Free iSMS sich jedoch unsigniert präsentiert, muss zuerst diese Einschränkung von Symbian OS umgangen werden, indem Sie sich ein eigenes Entwicklerzertifikat besorgen. Im Anschluss können Sie jede unsignierte Software auf dem Smartphone installieren.

⊡ LESEZEICHEN

http://bit.ly/iLldn

Free iSMS: Hier laden Sie Free iSMS aus dem Internet herunter. Da die Hersteller-Website des Öfteren nicht zu erreichen ist, sollten Sie lieber mit Google nach »Free iSMS« suchen, um einen aktiven Downloadlink zu finden.

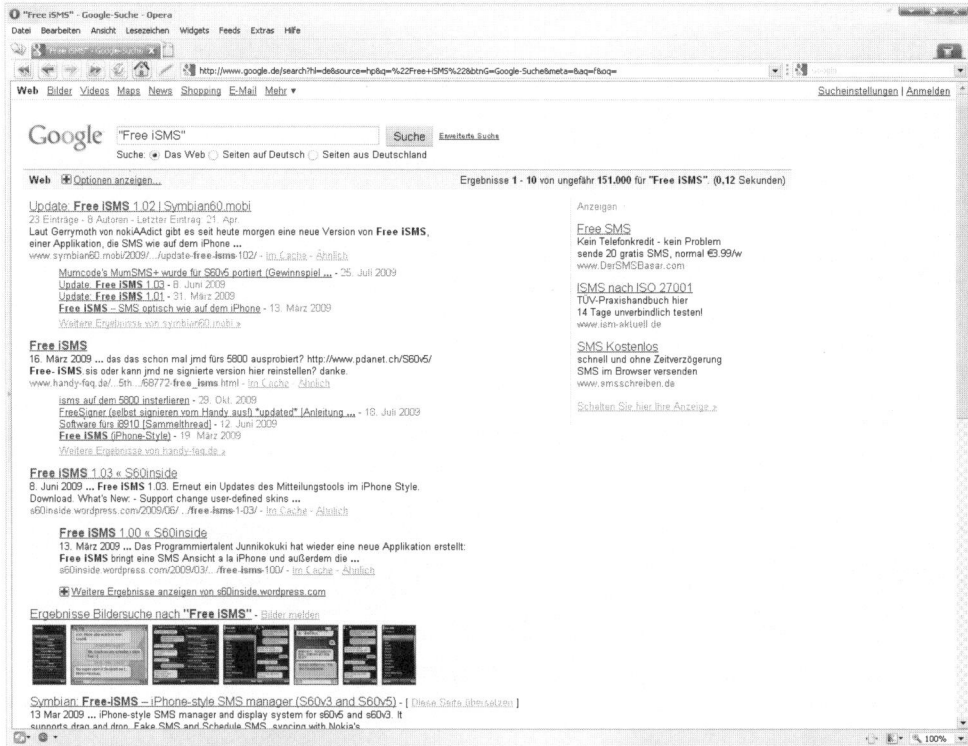

Bild 1.30 Google hilft bei der Beschaffung des richtigen Downloadlinks.

Kostenloses Entwicklerzertifikat besorgen

Sie beziehen durch Ausführen der folgenden Schritte ein eigenes Zertifikat, womit Sie entweder einzeln die zu signierende Software signieren oder durch »Hacken« des Smartphones das Zertifikatmanagement von Symbian OS abschalten können.

1. Öffnen Sie in Ihrem Browser die URL *http://cer.opda.cn/*. Sollte die Seite nicht automatisch auf Englisch erscheinen, klicken Sie in der oberen rechten Ecke der Seite auf die Flagge von Großbritannien (siehe Abbildung).

Bild 1.31 Sprache auf Englisch umstellen.

2. Im nächsten Schritt klicken Sie auf *Register*. Sie finden diesen Schriftzug rechts oben unter den Länderflaggen. Registrieren Sie sich, indem Sie für *Account* einen beliebigen Benutzernamen eintragen, ein Passwort festlegen und bestätigen sowie den Captcha-Code bestätigen. Anschließend klicken Sie auf den Button *Submit and register*.

Account	max.mustermann
Password	********
Please confirm the password	********
Email	max.mustermann@we
Safe code	FDPB F D P B
	Submit and reig

Bild 1.32 Bei OPDA registrieren.

3. Als Nächstes werden Sie auf die Log-in-Seite weitergeleitet, auf der Sie sich mit den bei der Registrierung festgelegten Daten anmelden. Nach dem Log-in klicken Sie auf den orangefarbenen Button *Apply cer*, so wie es auf der Abbildung zu sehen ist.

Bild 1.33 Neues Zertifikat beantragen.

4. Füllen Sie auf der neu geladenen Seite (siehe Abbildung unten) die folgenden Felder aus:

Model: z. B. *E90* – Ihr Handymodell.

IMEI: 15-stellige Nummer – die Seriennummer Ihres Geräts. Diese Nummer können Sie sich durch Eingabe von **#06#* auf Ihrem Gerät anzeigen lassen.

Confirm IMEI: Eingabe der Seriennummer wiederholen.

Remark: z. B. *Mein Handy* – beliebige Notiz.

Haben Sie alle Daten ausgefüllt, klicken Sie auf *Submit application*.

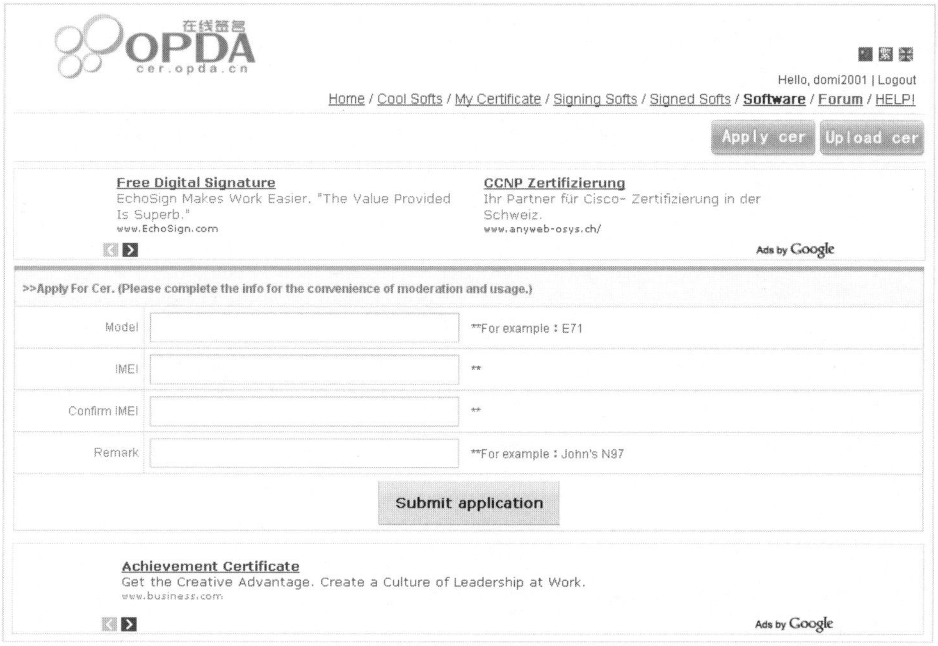

Bild 1.34 Neues Zertifikat für ein Gerät anlegen.

5. Nun müssen Sie (leider) einige Tage warten, bis Ihr Zertifikat fertiggestellt ist. Den Status Ihres Zertifikats können Sie unter folgender URL abfragen:

⊡ LESEZEICHEN

http://bit.ly/ZHh0W

Status abfragen: Hier fragen Sie den Status Ihres Zertifikats ab.

Solange Ihr Zertifikat noch nicht verfügbar ist, ist auf dieser Seite im Feld *State* ein roter Pfeil sowie *Applying* zu sehen.

Wurde Ihr Zertifikat fertiggestellt, sehen Sie im Feld *State* nun einen grünen Haken sowie vier Optionen im Feld *Operate*.

6. Nun können Sie entweder die beiden Zertifikatsdateien jeweils über den Klick auf *.cer* und *.key* downloaden, um Ihre Software z. B. mit dem »SignSIS-Tool« von OPDA lokal auf Ihrem Rechner zu signieren. Andernfalls können Sie Ihre Software auch direkt online signieren lassen, indem Sie auf *Signing* klicken und anschließend die zu signierende Software hochladen.

Bild 1.35 Das fertige Zertifikat steht zum Download bereit.

Symbians Zertifikatmanagement abschalten

Sollten Sie häufiger unsignierte Software auf Ihrem Mobiltelefon installieren wollen, empfiehlt es sich, Ihr Handy mittels der Software »HelloOX2« zu hacken und damit das Zertifikatmanagement außer Betrieb zu setzen.

⊡ LESEZEICHEN

http://www.helloox2.com

HelloOX2: Laden Sie die unsignierte Version von HelloOX2 von der Herstellerseite herunter und signieren Sie sie, wie oben beschrieben, entweder über die Weboberfläche von OPDA oder mithilfe eines Signierungstools.

Ist das geschehen, können Sie die Software auf Ihrem Smartphone installieren und ausführen. Das Programm leitet selbstständig alle nötigen Schritte ein. Sobald HelloOX2 das Anpassen der Systemdateien abgeschlossen hat, können Sie jegliche unsignierte Software, ohne sie vorher signieren zu müssen, direkt auf Ihrem Handy installieren.

Free iSMS installieren

Ganz egal, ob Sie Free iSMS signiert oder gleich Ihr ganzes Smartphone dank HelloOX2 gehackt haben: Free iSMS lässt sich jetzt ohne Probleme auf Ihrem Gerät einrichten und benutzen.

Bild 1.36 Free iSMS stellt Mitteilungen so wie auf einem iPhone dar.

Über das Menü von Free iSMS können Sie nun neben normalen Kurzmitteilungen auch Flash-SMS versenden, um Ihre Rufnummer z. B. gegenüber einem Windows Phone-Nutzer unkenntlich zu machen.

SMS-Versand über den Mobilfunkprovider

Sollten Sie weder über ein Windows Phone-Gerät noch über eines mit Symbian OS verfügen, gibt es meist zwar eine etwas unkomfortablere Lösung, jedoch ist sie als Ersatz ebenso hilfreich wie die vorangegangene Methode per Software.

Die deutschen Mobilfunknetzbetreiber – T-Mobile, Vodafone, e-plus und O_2 – ermöglichen es ihren Kunden, online über das Kundenmenü ihres Webportals SMS zu verschicken. Dabei stehen auch Optionen wie z. B. der anonyme SMS-Versand oder der Versand einer SMS, für deren Absendernummer eine Textphrase anstatt einer Nummer definiert werden kann, zur Verfügung.

Da sich Aufbau und Struktur der Webseiten des Öfteren ändern, kann Ihnen an dieser Stelle leider kein Direktlink zur SMS-Versandseite des jeweiligen Anbieters präsentiert werden. Die richtige Seite finden Sie meistens in der Rubrik *Kommunikation*, wobei jeder Netzbetreiber diesem Bereich einen eigenen Namen gibt, so nennt ihn beispielsweise O_2 *O2 Communication Center.*

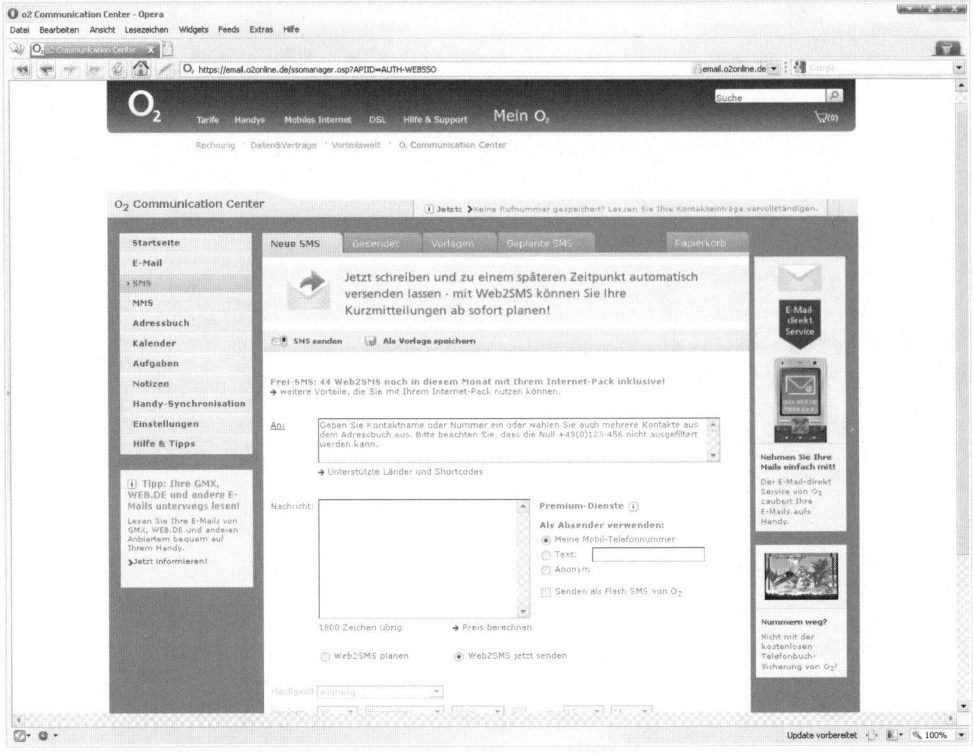

Bild 1.37 Verfassen einer neuen SMS im O$_2$ Communication Center.

2 Sicherheitslücken moderner Handys

Ob iPhone oder No-Name-Gerät mit Schwarz-Weiß-Display: Das, was einmal den Platz eines ganzen Raums in Anspruch nahm, passt heute in jede Hosentasche. Die Entwicklung schreitet immer schneller voran, und die immer schneller erscheinenden Handymodelle bieten schon wieder ein paar Funktionen mehr als die Modelle der vorangegangenen Generation.

Weil bei der kurzen Entwicklungszeit mitunter nur wirkliche Sorgfalt auf die später in der Werbung angepriesenen Funktionen verwandt wird, passiert es häufiger, dass sich Mängel in der Architektur des Systems zeigen oder Sicherheitslücken mit eingeschleust werden.

Doch nicht nur Hersteller sind für die Sicherheit ihrer Geräte verantwortlich, oft sind es auch die Nutzer, die ihr Gerät und somit die darauf befindlichen Daten angreifbar machen. Im Verlauf dieses Kapitels erfahren Sie ebenfalls, wie unterschiedlich die jeweiligen Gerätehersteller auf Sicherheitslücken reagieren und wie sie die Lösung solcher Probleme priorisieren.

HINWEIS!

Dieses Buch ist keine Anleitung zum Manipulieren oder unberechtigten Eindringen in fremde Systeme, aber das Thema »Sicherheit« sollte in einem Buch über Telekommunikation nicht fehlen. Es vermittelt das Wissen darüber, welche Möglichkeiten und Sicherheitsaspekte die modernen Telekommunikationsgeräte bieten und wie man sich vor Schwachstellen schützen kann. Aus diesem Grund kann an einigen Punkten dieses Kapitels nicht genauer auf spezifische Einzelheiten eingegangen werden.

2.1 Potenzielle Angriffsmöglichkeiten

Die erste Hürde bei einem Angriff besteht darin, die gewünschten Befehle oder Daten auf dem anzugreifenden Handy ausführen zu können. Hierzu muss zunächst ein Weg gefunden werden, wie man den entsprechenden Content auf das »Zielgerät« bekommt. Die Möglichkeiten, die sich bieten, um Zugriff auf ein Handy oder Smartphone zu erhalten, sind vielfältig.

Während um die Jahrtausendwende das GSM-Netz die einzige Möglichkeit war, Kontakt zu einem Mobiltelefon aufzunehmen, und man somit nur mit dem Senden modifizierter SMS die Software eines Handys verändern konnte, so eröffnet sich einem heute ein viel breiteres Spektrum an Möglichkeiten: Ob Bluetooth oder offene Ports, eine geöffnete Hintertür ist nicht selten und stets das Ziel der Suche eines Hackers.

Aktivierte Bluetooth-Schnittstelle

Eine sehr populäre Technik, die heutzutage wohl in jedem Mobiltelefon integriert ist, ist Bluetooth. Dass eine solche Technik praktisch überall verfügbare Angriffsziele bietet, veranlasste Hacker und Gruppen, die sich auf das Auffinden von Sicherheitslücken spezialisiert haben, immer wieder dazu, auf die Einzelheiten der Protokolle und Verbindungstypen von Bluetooth einzugehen.

Am Anfang war das Bluesnarfing

Als eine der ersten Sicherheitslücken der Bluetooth-Technik wurde das »Bluesnarfing« bekannt, das die Möglichkeit bietet, ein Mobiltelefon mithilfe eines Computers bzw. Notebooks oder auch eines Smartphones anzugreifen und sich so Zugang zum Kalender, dem Adressbuch, zu E-Mails und Textmitteilungen zu verschaffen.

Als Studie zum Bluesnarfing wurde von der Entwicklergruppe trifinite.group das in J2ME geschriebene Programm »Blooover« vorgestellt, das die Möglichkeiten und Gefahren von Bluesnarfing aufzeigt.

Als weitere Lücke der früheren Tage präsentierte sich der sogenannte »Bluebug«, der der Öffentlichkeit erstmals im März 2004 auf der CeBIT in Hannover vorgeführt wurde. Mobiltelefone der ersten Generationen (darunter z. B. Nokia 6310 bzw. Nokia 6310i und Sony Ericsson T610) sind hiervon besonders betroffen.

Befindet sich ein solches Gerät mit aktivierter Bluetooth-Funktion in der näheren Umgebung (d. h. in einem Umkreis von 10 Metern, bei Nutzung von Spezialequipment auch mehreren Kilometern), erhält der Angreifer durch den Einsatz eines Notebooks mit Bluetooth-Dongle und der entsprechenden Software Zugriff auf fast alle relevanten Funktionen eines Mobiltelefons.

Das heißt, dass ein Angreifer, der sich dank des Ausnutzens der Bluebug-Lücke unbemerkt vom Besitzer des angegriffenen Handys Zugriff auf dieses verschafft hat, nun in der Lage ist, neben dem Versenden und Lesen von SMS Anrufe zu tätigen oder mitzuhören.

Dass der Zugriff auf die damaligen Geräte so einfach war, entwickelte sich zu einem Skandal, da Informationen darüber veröffentlicht wurden, dass viele Regierungsmitglieder der Bundesrepublik Deutschland ein Mobiltelefon mit entsprechend aktivierter Bluetooth-Funktion besaßen und man somit mitunter auch an vertrauliche Informationen gelangen konnte, wenn man sich in deren Umkreis aufhielt und mittels einer Software Daten von deren Handys ohne größeren Aufwand auslesen konnte.

Einige Hersteller reagierten sofort und stellten ein Firmwareupdate bereit, das die Lücken (Bluesnarfing und Bluebug) schloss. Bei neueren Geräten funktionieren beide Angriffsarten nicht mehr.

Die Situation heute

Die Frage, ob man heutzutage noch Handys per Bluetooth hacken kann, muss mit »Jein« beantwortet werden. Die Möglichkeiten der Machbarkeit sind zwar vorhanden, aber sehr gering. Momentan existieren keine bekannten Sicherheitslücken in der Bluetooth-Technik, die sich ohne erheblichen Aufwand nutzen ließen.

Aus diesem Grund konzentriert man sich bei der Suche nach Schwachstellen eher auf die Gerätesoftware anstatt auf die Übertragungstechnik allein. Der Zugriff auf Daten bzw. Gerätefunktionen ist, da keinerlei vergleichbare Angriffsmöglichkeiten wie Bluebug & Co. vorhanden sind, nicht mehr ohne die Zustimmung des anderen Handys bzw. ohne Kopplung möglich.

Sollten allerdings beide Geräte (durch Kopplung) einander bekannt sein und eine Autorisierung bestehen, eine Verbindung ohne vorherige Bestätigung herzustellen, ermöglicht z. B. das Handytool »BT Info« das Verwalten der Systemfunktionen sowie das Auslesen von Telefonbuch, Mitteilungen etc. direkt von einem anderen Handy aus. Allerdings kann das nicht mehr als hacken bezeichnet werden, da im Voraus die Einwilligung zur Verbindung durch Kopplung erteilt werden muss.

Hacken im eigentlichen Sinn ist somit nur auf Umwegen möglich. Die Methoden dafür beschränken sich im Prinzip auf zwei Wege:

- **Hacken vom eigenen Handy aus**: Verschicken von manipulierten GIF-Bildern per MMS, manipulierter Bluetooth-Name.

- **Hacken vom Laptop bzw. PC aus**: Bluetooth DoS, Exploits per Shell ausführen, Schwachstellen von Handys per Internet ausnutzen.

Doch bevor man sich Gedanken über den produktiven bzw. eher destruktiven Einsatz solcher Möglichkeiten macht, sollte man lieber an folgende Weisheit denken: »Was du nicht willst, dass man dir tu, das füg auch keinem anderen zu!«

Programme zum Thema Bluetooth

Eher als Spielerei oder Demonstration des Machbaren anzusehen sind die nun vorgestellten Programme zum Thema Bluetooth, die in der heutigen Zeit eine mehr oder weniger wichtige Rolle spielen:

Blooover

Einst als Studie zum Bluesnarfing gedacht, wurde das Programm Blooover vom Entwicklerteam trifinite.group entwickelt. Heute findet es aufgrund nicht mehr vorhandener Sicherheitslücken kaum mehr Anwendung. Sie können Blooover von der Herstellerseite herunterladen:

☐ LESEZEICHEN

http://bit.ly/c4rz8d

Blooover: Laden Sie Blooover von der Herstellerseite herunter.

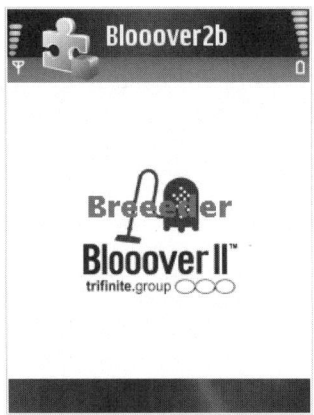

Bild 2.1 Die Breeeder-Edition von Blooover in der Version 2b.

BT Info

BT Info spiegelt die eigentlichen Funktionen im Sinne eines Hacks wider. Es vereint die Komponente des Systemzugriffs mit der Funktion, eigene Befehle auf dem entfernten Handy auszuführen. Realisiert wird das durch AT-Befehle, die an das verbundene Gerät gesendet und auf diesem ausgeführt werden. AT-Befehle werden von fast allen gängigen Gerätetypen unterstützt, daher ist dieses Programm weit verbreitet.

Im Gegensatz zu einem richtigen Hack bedarf es allerdings der Kopplung beider Geräte bzw. der einmaligen Bestätigung der Verbindung. Die neueste Version von BT Info in deutscher Sprache ist auf *www.bt-info.de* zu finden.

Bild 2.2 BT Info zeigt seinen Funktionsumfang.

BT TeRoR

Ein völlig anderes Ziel als die letzten beiden Programme verfolgt BT TeRoR. Anstatt Sicherheitslücken auszunutzen oder sich der Systembefehle zu bedienen, versucht BT TeRoR, den Besitzer des via Bluetooth ausgewählten Geräts mit Verbindungsbestätigungen zu nerven.

Auf dem eigenen Gerät, auf dem BT TeRoR ausgeführt wird, wird eine Datei ausgewählt, die das Programm im nächsten Schritt permanent an ein zuvor ausgewähltes Gerät aus der Umgebung schickt. Wird die Verbindungsaufforderung abgelehnt, schickt BT TeRoR prompt die nächste, sodass das verbundene Gerät blockiert wird. Wird der Dateitransfer angenommen, schickt BT TeRoR nach dem Übertragen sofort wieder eine Verbindungsaufforderung.

⊡ LESEZEICHEN

http://bit.ly/9jJ2tM

BT TeRoR: Die Installationsdateien
sowie eine ausführliche Anleitung für
BT TeRoR finden Sie hier.

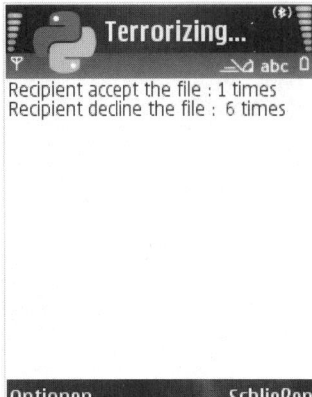

Bild 2.3 BT TeRoR terrorisiert
ein anderes Bluetooth-Gerät.

BlueDoS

Das Skript BlueDoS, das unter Linux ausgeführt wird, nutzt im eigentlichen
Sinn keine Sicherheitslücke aus, sondern bedient sich einer Technik, die in kür-
zester Zeit extrem viele Anfragen an ein System schickt, womit dieses überlas-
tet wird und schließlich abstürzt. Das funktioniert bei fast allen Mobiltelefonen,
die über Bluetooth verfügen.

⊡ LESEZEICHEN

http://bit.ly/a8uN0f

BT TeRoR: Hier finden Sie den
Quellcode für BlueDoS.

Over-the-air-Angriff

Hinter dem Sammelbegriff »Over-the-air-Angriff« (zu Deutsch Angriff aus der
Luft) verbergen sich mehrere Arten von Angriffsformen, die allesamt aus der
Ferne über das Mobilfunknetz ausgeführt werden. Im Gegensatz zu den Atta-
cken via Bluetooth bieten diese Angriffsformen mitunter den kompletten Sys-
temzugriff und ermöglichen somit echtes Hacken.

Die Arten des Over-the-air-Angriffs lassen sich grundsätzlich in zwei Bereiche einteilen:

- das Ausnutzen von Systemschwächen und

- das Ausnutzen von Fehlern, die durch Unwissenheit oder Fehlkonfigurationen durch die Gerätebesitzer entstanden sind.

Aufteilen lassen sich diese beiden Bereiche in Angriffe, die nur mittels eines Notebooks oder PCs ausgeführt werden können, und in Angriffe, die mittlerweile schon so weit entwickelt wurden, dass sie von mobilen Geräten wie PocketPCs ausgeführt werden.

Sicherheitslücken bei Smartphones

Potenzielle Hacker suchen vor allem die Lücken im Betriebssystem von Smartphones oder auch in Software, die mit dem Smartphone ausgeliefert wird. Welche Lücken in letzter Zeit populär waren, zeigt Ihnen die folgende Übersicht:

Sicherheitslücke in Symbian OS: Curse of Silence

Für großen Wirbel sorgte z. B. eine durch den Chaos Computer Club im Dezember 2008 entdeckte und per Video dokumentierte Sicherheitslücke im von Nokia verwendeten Symbian OS mit der Benutzeroberfläche S60 in den Versionen 2.6, 2.8, 3.0 und 3.1, die den Namen »Curse of Silence« erhielt.

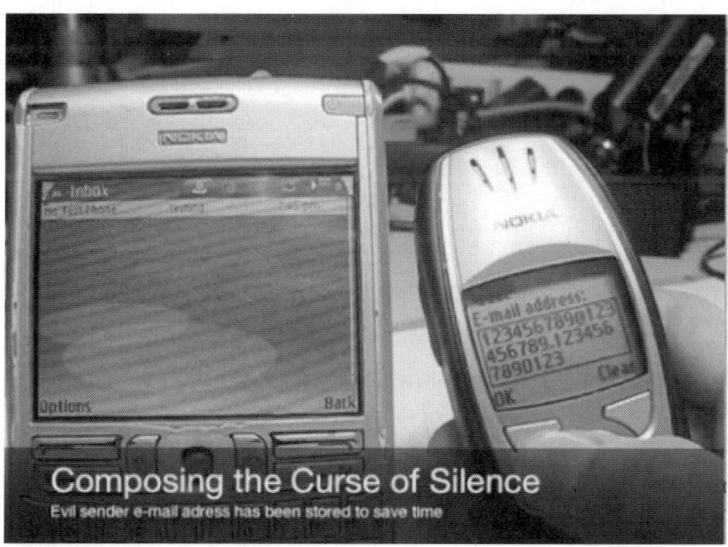

Bild 2.4 Ausschnitt aus der Videodokumentation zur Curse of Silence-Attacke.

Eine standardkonforme Typenkennzeichnung von SMS-Nachrichten ermöglicht es, dass mobile Endgeräte die Funktion unterstützen, bei eingehenden SMS-Nachrichten als Absender eine E-Mail-Adresse anstelle einer Telefonnummer anzuzeigen. Aus Sendersicht ergibt sich so theoretisch die Möglichkeit, E-Mails als SMS zu verschicken.

Nokia implementierte dieses Feature im Jahr 2002 bzw. 2003 in ihr Betriebssystem Symbian. Jedoch wurde dabei nicht auf die Fehlerkorrektur dieses Features geachtet:

Der SMS-Standard sieht als Länge einer Absenderadresse maximal 32 Zeichen vor. Ist eine als Absender angegebene E-Mail-Adresse jedoch länger, bleibt die SMS, in die die Mail verwandelt werden soll, im Zwischenspeicher des Betriebssystems hängen. Weitere Mitteilungen aller Art konnten erst wieder nach einem kompletten Zurücksetzen auf die Werkeinstellungen empfangen werden.

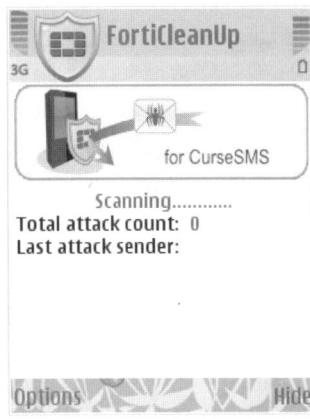

Bild 2.5 FortiCleanUp zeigt an, ob das eigene Handy angegriffen wurde, und leert gegebenenfalls den gefluteten Zwischenspeicher.

Abhilfe schaffte ein Programm, das den Zwischenspeicher eines angegriffenen Smartphones leerte und so die Möglichkeit des Mitteilungsempfangs wiederherstellte. Zusätzlich behob Nokia diese Lücke mit einem Firmwareupdate.

Sicherheitslücke in Windows Phone: WAP Push SL-Empfang aktiviert

Eine besondere Sicherheitslücke bieten einige Smartphones, die mit Windows Phone betrieben werden. Besonders ist diese Sicherheitslücke deshalb, weil einige Hersteller die Standardkonfiguration von Windows Phone für ihre Geräte so abänderten, dass diese Geräte den Empfang von WAP Push SL-Nachrichten ermöglichen.

Wie bereits unter »Versandmöglichkeiten mit HushSMS« im Kapitel 1.5 »Anonym SMS-Nachrichten versenden« zu lesen war, ermöglichen WAP Push SL-Nachrichten es, eine Verbindung zu einem Server aufzubauen, um eine Webseite aufzurufen oder ein Programm herunterzuladen, ohne dass der Vorgang durch den Benutzer des Smartphones zuvor bestätigt werden muss oder durch diesen verhindert werden kann.

Diese Sicherheitslücke ist ein wenig brisant, da sie leicht von anderen Windows Phone-Nutzern mittels des bereits vorgestellten Programms »HushSMS« ohne viel Aufwand ausgenutzt werden kann. Als Beweis dafür hat der Programmierer des Programms HushSMS, der zugleich der Entdecker dieser Sicherheitslücke ist, ein Video online gestellt, das zeigt, wie einfach das Ausnutzen dieser Lücke ist:

- Im Video sind zwei Geräte mit Windows Phone 6.1 zu sehen. Auf dem rechten Gerät wird gezeigt, dass im Moment keine Datenverbindung besteht.

- Auf dem linken Gerät wird mittels HushSMS eine WAP Push SL-Nachricht an das rechte Smartphone gesendet.

- Das rechte Gerät baut augenblicklich nach Erhalt der WAP Push SL-Nachricht eine GPRS-Verbindung auf.

- Im Anschluss daran öffnet sich der Internet Explorer und ruft die durch die WAP Push SL-Nachricht übermittelte URL auf.

- Hinter der URL verbirgt sich ein Programm, das automatisch ausgeführt wird und bewirkt, dass sich der Internet Explorer schließt und ein leeres Pop-up-Fenster geöffnet wird.

Würde nun ein böswilliger Angreifer eine solche WAP Push SL-Nachricht, die eine URL zu einem schadhaften Programm beinhaltet, an ein angreifbares Smartphone senden, würde dieses Programm ohne weiteres Zutun ausgeführt werden.

Doch diese Lücke können Sie selbst schließen! Dafür ist es aber notwendig, dass Sie einen Registry-Editor installieren.

⊡ LESEZEICHEN

http://bit.ly/93crds

Registry Editor: Einen Downloadlink
sowie eine Anleitung dazu, wie ein
solcher Editor zu handhaben ist,
finden Sie hier.

1. Öffnen Sie die Registry mit einem entsprechenden Registry-Editor auf Ihrem Windows Phone-Gerät und navigieren Sie zu dem Pfad

```
HKLM\Security\Policies\Policies
```

2. Überprüfen Sie im nächsten Schritt die Werte der *DWORD*-Einträge

```
0x0000100c
```

und

```
0x0000100d
```

Microsoft empfiehlt folgende Werte:

```
0x0000100c: 0x800
```

und

```
0x0000100d: 0xc00
```

Sind in Ihrem Gerät z. B. die Werte *0x840* und *0xc40* für diese *DWORD*-Werte eingetragen, ist Ihr Gerät unsicher und leicht angreifbar!

Ändern Sie in diesem Fall die Werte am besten sofort auf die von Microsoft empfohlenen Werte, damit Ihr Gerät nicht mehr für diese Sicherheitslücke anfällig ist.

Nachlässigkeit der Benutzer

Im November 2009 gerieten einige holländische iPhone-Nutzer, die ihr Gerät »gejailbreakt« hatten, in Panik, da auf ihren Geräten die Meldung *Important Warning – Your iPhone´s been hacked because ...* erschien (siehe Abbildung).

Verantwortlich hierfür war ein 17-jähriger Jugendlicher, der ein seit Langem bekanntes Sicherheitsproblem ausnutzte und von seinen gehackten Opfern 4,95 Dollar forderte, um im Gegenzug eine Anleitung anzubieten, wie sie ihr iPhone wieder von dem Hack befreien und zugleich gegen erneute Angriffe absichern konnten.

Auf allen iPhones haben die beiden Benutzerkonten *root* und *mobile* dasselbe Passwort: *alpine*.

Da durch ein Jailbreak die geschlossene Struktur des iPhones durchbrochen wird und somit beide Benutzerkonten zugänglich werden, wird es zu einem Sicherheitsproblem, wenn man zusätzlich nach dem Jailbreak einen SSH-Server installiert. Durch diesen wird es möglich, sich von außerhalb als Administrator auf dem iPhone anzumelden und ohne Einschränkungen Zugriff auf das iPhone zu erhalten.

Bild 2.6 Dieser Anblick bot sich den Opfern des iPhone-Hackers.

Das machte sich der jugendliche Hacker zunutze und kopierte so das auf der Abbildung gezeigte Hintergrundbild auf angreifbare iPhones. Hierfür nutzte er den Netzwerkscanner »nmap« und scannte die IP-Adressbereiche der UMTS-Netze nach Port 62078 ab, der von Apples iPhone standardmäßig geöffnet ist und diese somit leicht identifizierbar macht.

Nach Bekanntwerden dieses Sicherheitsproblems folgten bald echte Würmer mit schadhaftem Hintergrund. So sammelt beispielsweise der Wurm »Duh« mTANs für das Onlinebanking ein und nimmt zugleich Kontakt zu einem Kontrollserver auf.

Außerdem überschreibt der Schädling die Datei */etc/master.passwd* mit einer eigenen Kopie, die einen neuen Passwort-Hash enthält und das Systempasswort der Benutzerkonten auf *ohshit* abändert.

Diese Sicherheitslücke lässt sich jedoch sehr leicht beheben, indem man sich selbst am iPhone einloggt und das Standardpasswort der beiden Benutzerkonten *root* und *mobile* durch ein eigenes Passwort ersetzt. Das lässt sich entweder direkt per SSH realisieren oder über die Terminal-App.

Schutz für das eigene Handy

Der beste Schutz ist immer noch, mitzudenken bei allem, was man tut. Dabei ist es ganz egal, ob es sich um die Installation neuer Programme handelt oder ob es nur das Annehmen einer Datei per Bluetooth ist, die von jemandem stammt, den man nicht kennt.

Die Antivirenindustrie versucht zudem, ihre mobile Antivirensoftware, Firewalls und komplette Security-Suites für Smartphones an den Mann zu bringen. Diese sind jedoch im Moment relativ nutzlos, wenn man den eben genannten Tipp befolgt. Zudem ist es ratsam, Folgendes zu beherzigen:

- Die Firmware des Handys bzw. Smartphones immer auf dem aktuellsten Stand halten.

- Kein zusätzliches Risiko provozieren durch gesetzte Standardpasswörter oder installierte Programme, die man gar nicht benötigt.

- Gelegentlich im Internet Ausschau nach neuen Sicherheitslücken halten.

- Keine MMS-Nachrichten öffnen, die einem verdächtig vorkommen.

- Keine Daten von fremden Geräten via Bluetooth annehmen.

- Bluetooth am besten nur aktivieren, wenn man es tatsächlich benötigt, und gegebenenfalls auf unsichtbar schalten.

Antivirensoftware für das Handy?

Befolgen Sie diese Ratschläge, benötigen Sie keine Antivirensoftware auf dem Handy, auch wenn die Hersteller solcher Programme das gern suggerieren. Antivirensoftware verschlechtert nur die Performance der Gerätesoftware und kostet Geld, das man sich eigentlich sparen kann.

Positiv ist zu vermerken, dass einige Sicherheitspakete (so z. B. die Antivirensoftware von Kaspersky) viele nützliche Funktionen beinhalten, wie einen Diebstahlschutz, der den Besitzer über den aktuellen Standort des Handys benachrichtigt und die Nummer der aktuell eingelegten SIM-Karte weitergibt. Jedoch ist diese Funktion, abgesehen von der GPS-Ortung, auch in fast allen Geräten der Nokia E-Serie enthalten.

Letztendlich muss jeder selbst entscheiden, ob er eine Sicherheitssoftware benötigt oder nicht.

2.2 Webtipps zum Thema Handysicherheit

Wurde Ihr Interesse am Thema Handysicherheit geweckt, empfiehlt sich ein Besuch auf den folgenden Webseiten:

BT Info Forum

Im BT Info Forum, dem ersten deutschen Forum zu Bluetooth-Sicherheit und Handyhacking, hat sich die deutschsprachige Community rund um das in Java geschriebene Handyprogramm BT Info angesammelt. Als registrierter Nutzer bekommt man Einblick in die verschiedenen Arten von Angriffsformen, inklusive einer ausführlichen Erklärung, wie sie technisch aufgebaut sind, wie sie funktionieren und wie man sich selbst davor schützen kann.

⊡ LESEZEICHEN

http://www.bt-info.de

BT Info: Das erste deutsche Forum
zum Thema Bluetooth-Sicherheit.

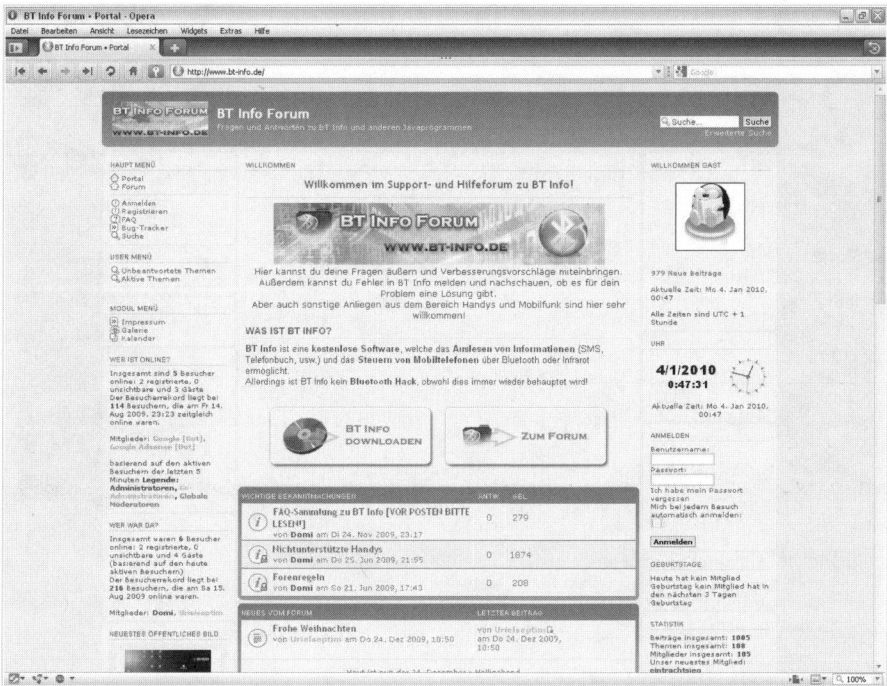

Bild 2.7 Startseite des BT Info Forum.

Planet surfEU

Die Webseite »Planet surfEU« bietet unter anderem eine der besten Übersichten mit Downloadmöglichkeit im Hinblick auf Programme, die mit dem Thema Bluetooth- und Handysicherheit zu tun haben. Zudem ist Planet surfEU die führende Ressource für deutsche Übersetzungen von J2ME-Programmen.

⊡ LESEZEICHEN

http://bit.ly/rFwNn

Planet surfEU: Eine der besten Übersichten zu Programmen mit Schwerpunkt Handysicherheit.

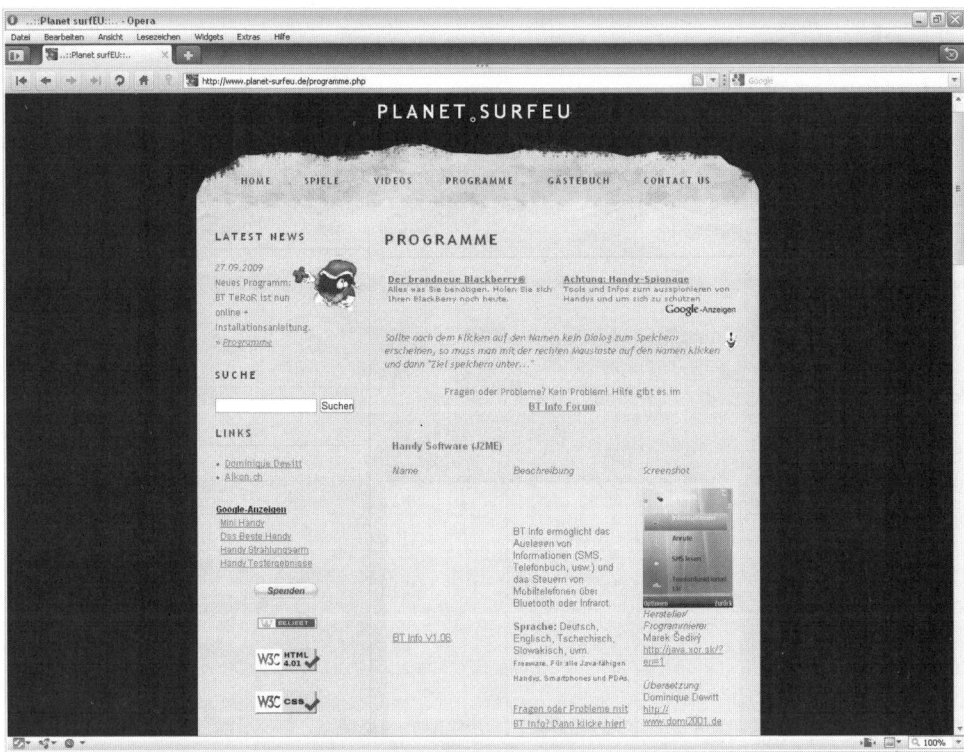

Bild 2.8 *PROGRAMME* bei Planet surfEU.

heise mobil

heise mobil ist eine der führenden deutschsprachigen Quellen rund um aktuelle Meldungen aus der Handy-, Smartphone- und Mobilfunkbranche. Hier finden Sie nicht nur aktuelle Informationen über Sicherheitslücken, sondern auch weitere Neuigkeiten rund um mobile Geräte.

⊡ LESEZEICHEN

http://www.heise.de/mobil

heise mobil: Portal mit aktuellen News
aus der Telekommunikationsszene.

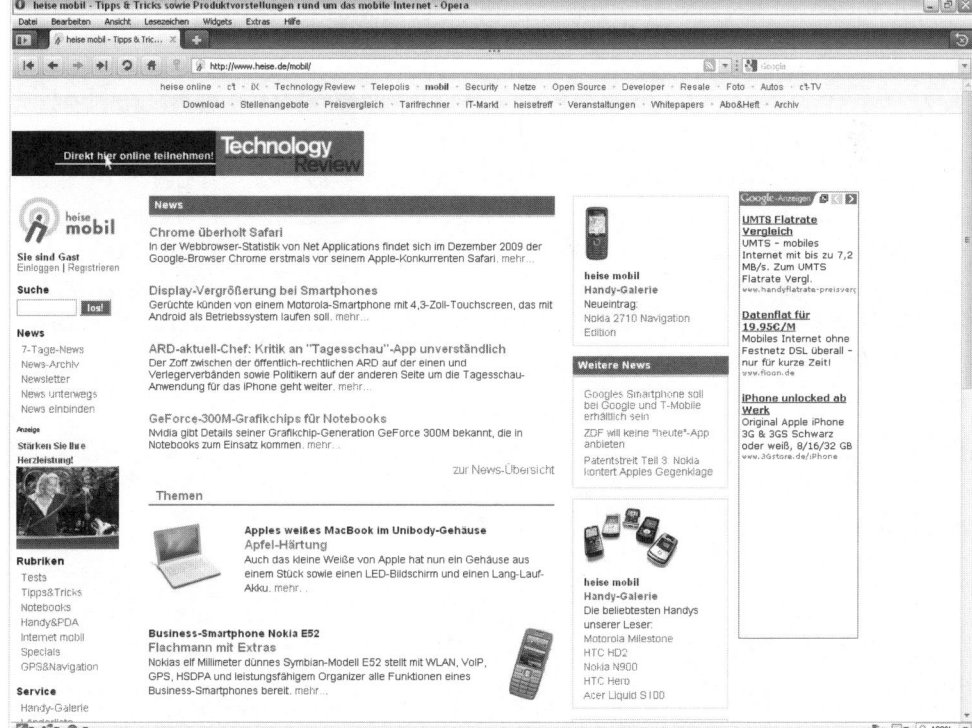

Bild 2.9 Startseite von heise mobil.

3 Internetrestriktionen nein, danke!

Das Internet: Unbegrenzter Zugang zu Informationen aller Art ist in erster Linie das, was das weltweite Netz auszeichnet. Doch diese Freiheit wird leider häufig durch den Einsatz von Filtersoftware oder transparenten Zwangsproxys am Arbeitsplatz oder in Schulen eingeschränkt. Auch Anonymität ist im Internet nicht gegeben, obwohl das häufig angenommen wird. Wie Sie sich anonym im Internet bewegen und wie Sie Filtersoftware am Arbeitsplatz bzw. in der Schule umgehen können, erfahren Sie in diesem Kapitel.

3.1 Filtersoftware und Zwangsproxys umgehen

Nicht selten kommt es vor, dass man am Arbeitsplatz oder in der Schule auf eine Webseite zugreifen möchte, die durch eine lokale Filtersoftware blockiert wird. Sinn solcher Sperren ist es, Webseiten oder bestimmte Webinhalte zu blockieren, um die Arbeitnehmer bzw. Schüler vom privaten Surfen abzuhalten und das Internet nur zur reinen Informationsrecherche oder dem Nachgehen der geforderten Aufgaben bereitzustellen.

Mit etwas technischem Geschick und mehr oder weniger Aufwand lassen sich diese Restriktionen umgehen. Man kann durch den Einsatz bestimmter Software (sofern das Ausführen von Software auf dem Rechner möglich ist) sogar die Protokollierung der eigenen Internetaktivität komplett umgehen.

> **TIPP!**
>
> **Riskieren Sie nicht Ihren Arbeitsplatz!**
>
> Wenn Ihr Arbeitgeber es Ihnen untersagt, den Internetzugang am Arbeitsplatz zum privaten Surfen zu nutzen und Sie es dennoch tun, riskieren Sie Ihren Arbeitsplatz! Viele Unternehmen protokollieren die Webaktivitäten und können damit feststellen, zu welchem Zweck der Internetzugang genutzt wurde.

3.2 Einen Webproxy nutzen

Die einfachste Art, beispielsweise einen transparenten Zwangsproxy – also eine Software, durch die alle Webanfragen geleitet werden – zu umgehen, ist es, einen Webproxy zu benutzen. Das ist ein Skript, das auf einem Webserver ausgeführt wird und es ermöglicht, Anfragen (in diesem Fall: die Eingabe einer URL) entgegenzunehmen, zu verarbeiten und das Ergebnis an den Benutzer zurückzugeben.

Somit werden die über einen Webproxy aufgerufenen Webseiten nicht von dem Zwangsproxy im lokalen Netzwerk verarbeitet, und die sonst blockierten Webseiten können uneingeschränkt aufgerufen werden, da der Browser die Anfrage nach der gewünschten Website nicht mehr direkt an den Webserver, auf dem diese Website gehostet ist, stellt, sondern an den Webproxy.

Der Vorteil solcher Webproxys ist es, dass man sie direkt nutzen kann, ohne Veränderungen an den Einstellungen des genutzten Computers bzw. dessen Browser vornehmen zu müssen.

Natürlich wissen auch die Administratoren von den Möglichkeiten der Nutzung von Webproxys, um die eigens eingerichteten Blockaden des Webfilters zu umgehen. Deshalb werden kurzerhand bekannte öffentliche Webproxys mit in die Filterlisten aufgenommen, sodass der Zugriff darauf nicht mehr möglich wird.

Doch mithilfe der folgenden Tricks sollte auch das kein Problem sein:

1. Ersetzen Sie das führende *http://* der URL des Webproxys durch *https://*.

   Solche verschlüsselten SSL-Verbindungen können von einem lokalen Proxy nicht kontrolliert und deshalb nicht ohne Weiteres geblockt werden.

2. Ersetzen Sie die URL durch die IP-Adresse des Webproxys.

   Hierfür können Sie unter Windows einfach über *Start/Ausführen/cmd* und der Eingabe von *ping,* gefolgt von einem Leerzeichen sowie dem Domainnamen des Webproxys die dazugehörige IP-Adresse herausfinden, z. B. *ping vtunnel.com* (siehe Abbildung)

   Sollte das nicht zum gewünschten Erfolg führen, versuchen Sie auch hier, das führende *http://* vor der IP-Adresse des Webproxys durch *https://* zu ersetzen.

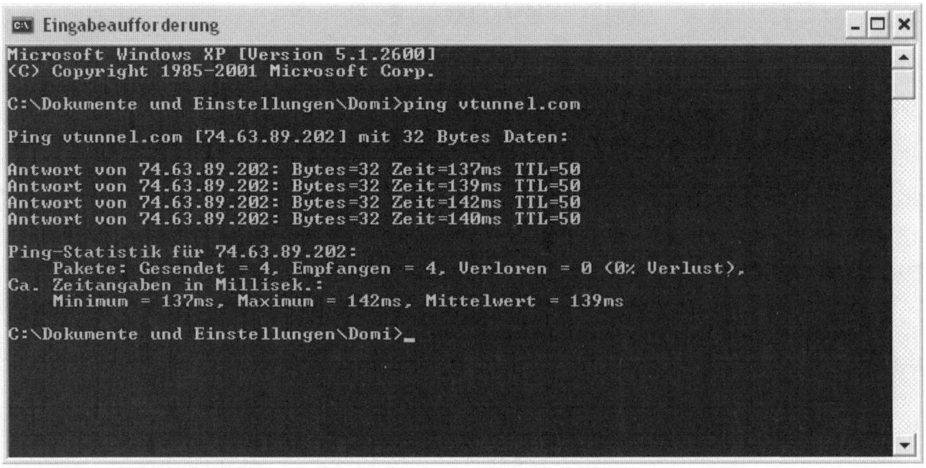

```
Eingabeaufforderung                                    _ □ ×

Microsoft Windows XP [Version 5.1.2600]
(C) Copyright 1985-2001 Microsoft Corp.

C:\Dokumente und Einstellungen\Domi>ping vtunnel.com

Ping vtunnel.com [74.63.89.202] mit 32 Bytes Daten:

Antwort von 74.63.89.202: Bytes=32 Zeit=137ms TTL=50
Antwort von 74.63.89.202: Bytes=32 Zeit=139ms TTL=50
Antwort von 74.63.89.202: Bytes=32 Zeit=142ms TTL=50
Antwort von 74.63.89.202: Bytes=32 Zeit=140ms TTL=50

Ping-Statistik für 74.63.89.202:
    Pakete: Gesendet = 4, Empfangen = 4, Verloren = 0 (0% Verlust),
Ca. Zeitangaben in Millisek.:
    Minimum = 137ms, Maximum = 142ms, Mittelwert = 139ms

C:\Dokumente und Einstellungen\Domi>_
```

Bild 3.1 Durch das Anpingen der Domain eines Webproxys können Sie die IP-Adresse in Erfahrung bringen.

⊡ LESEZEICHEN

http://www.proxyliste.com/
http://proxy.org/

Öffentliche Webproxys: Hier finden Sie eine Liste, die genau beinhaltet, welche öffentlichen Webproxys Sie nutzen können.

Als dauerhafte Alternativen haben sich die Webproxys Anonymouse (*http://anonymouse.org*) sowie Vtunnel (*www.vtunnel.com*) etabliert. Vtunnel unterstützt alle genannten Möglichkeiten, einen lokalen Zwangsproxy zu umgehen (SSL-Verschlüsselung und Aufrufen über die IP-Adresse).

Nachteil öffentlicher Webproxys

Der Nachteil solcher öffentlichen Webproxys ist allerdings, dass sie die Anfragen gerade zu Stoßzeiten sehr schleppend verarbeiten und deshalb den gewünschten Inhalt nur sehr langsam laden. Ein weiterer Kritikpunkt ist, dass Sie sich nie sicher sein können, was mit Ihren Daten passiert, die Sie durch den Webproxy schicken.

Einen eigenen Webproxy einrichten

Sollten Sie ein Webhostingpaket Ihr Eigen nennen, das mindestens PHP 4.2.0 unterstützt, können Sie einige Nachteile der öffentlichen Webproxys umgehen, indem Sie Ihren eigenen Webproxy einrichten.

Hierzu ist es allerdings notwendig, dass Ihr Hostingprovider die Einstellung *safe_mode turned off* gesetzt oder die *fsockopen()*-Option nicht deaktiviert hat. Für die Realisierung eignet sich am besten das kostenlose Skript »PHProxy«, das Sie auf folgender Webseite herunterladen können:

⊡ LESEZEICHEN

http://sourceforge.net/projects/ proxy/

Skript: Speichern und entpacken Sie die ZIP-Datei in einen Ordner z. B. auf Ihrem Desktop.

Anschließend können Sie diesen Ordner per FTP auf Ihren Webspace laden, z. B. mit dem bereits vorgestellten kostenlosen FTP-Programm FileZilla. Das ist alles, was von Ihrer Seite zu tun ist. Das Webproxyskript PHProxy ist nun unter Ihrer zugeteilten Domain und dem entsprechenden Ordner über einen Webbrowser erreichbar.

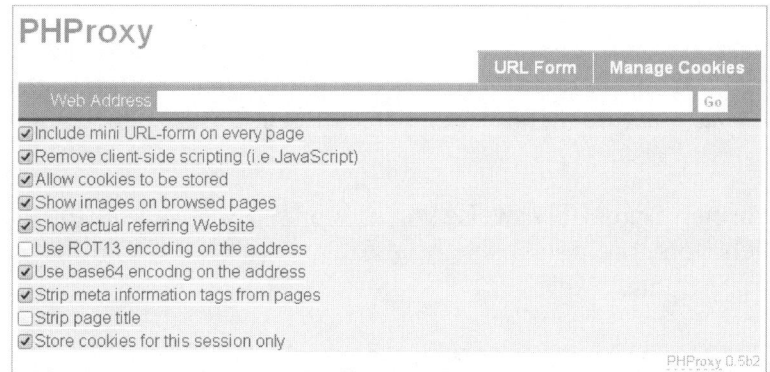

Bild 3.2 So begrüßt PHProxy Sie beim Aufruf mit dem Webbrowser.

Rufen Sie Ihren Webproxy nun auf, können Sie in die Adressleiste des Skripts die gewünschte URL eingeben, die durch den Proxy aufgerufen werden soll.

Im Gegensatz zu öffentlichen Webproxys können Sie jetzt sicher sein, dass niemand Ihre Daten mitlesen oder abfangen kann. Solange Sie niemandem die URL zu Ihrem Webproxy mitteilen, können Sie damit rechnen, dass Ihnen keine Performanceprobleme entstehen und die durch den Webproxy geladenen Webseiten rasch geladen werden.

Damit kein anderer Ihren Webproxy benutzen kann, ist es sinnvoll, den Zugriff auf das Proxyskript durch ein Passwort zu schützen. Dieses können Sie entweder über einen ».htaccess-Generator« im Internet erstellen lassen oder, besser noch, über das Kundenmenü Ihres Webhosters.

▣ LESEZEICHEN

http://bit.ly/9YIy9l

.htaccess-Generator: Hier finden Sie
einen .htaccess-Generator.

Einen Webproxy transparent nutzen

Wesentlich bequemer, als immer erst die URL des Webproxys aufrufen zu müssen, ist es, wenn Sie den Webproxy (PHProxy) transparent in Ihren Browser einbinden, indem Sie das Plug-in »Phzilla« für Mozilla Firefox installieren«.

Damit können Sie durch nur einen Klick entscheiden, ob die gewünschte Webseite über den Internetgateway des lokalen Netzwerks oder über den Webproxy geladen werden soll.

Ein kleiner Tipp hierzu: Es ist empfehlenswert, die Portable-Version von Mozilla Firefox einzusetzen, falls Ihr Arbeitgeber bzw. der Administrator des Netzwerks, in dem Sie das Plug-in nutzen möchten, die Installation von Drittsoftware verbietet.

Firefox Portable können Sie beispielsweise von Ihrem USB-Stick aus ausführen und haben so auch stets Ihre persönlichen Lesezeichen, Plug-ins und individuellen Einstellungen dabei.

▣ LESEZEICHEN

http://bit.ly/5WTmg

Mozilla Firefox: Die portable deutsche
Version Mozilla Firefox herunterladen.

1. Um PHProxy transparent nutzen zu können, müssen Sie zuerst das Plug-in Phzilla downloaden und installieren. Öffnen Sie dazu den Firefox-Browser und rufen Sie folgende URL auf:

   https://addons.mozilla.org/de/firefox/addon/3239

   Klicken Sie auf den Button *Zu Firefox hinzufügen*.

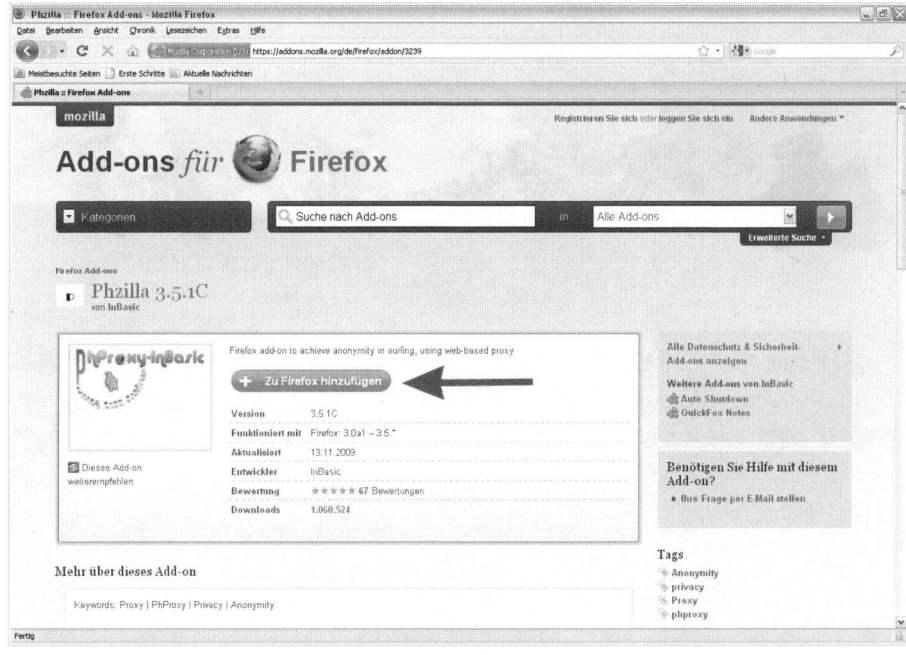

Bild 3.3 Das Phzilla-Plug-in herunterladen ...

2. Anschließend öffnet sich folgendes Fenster, in dem Sie ca. drei Sekunden warten müssen, bis Sie auf die Schaltfläche *Jetzt installieren* klicken können.

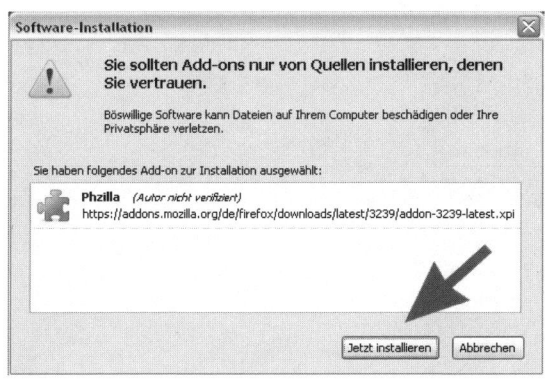

Bild 3.4 ... und anschließend installieren.

3. Nach der Installation des Plug-ins müssen Sie Firefox neu starten, woraufhin das *Add-ons*-Fenster erscheint und meldet, dass das Plug-in erfolgreich installiert wurde. Klicken Sie in diesem Fenster im Abschnitt des Plug-ins Phzilla auf die Schaltfläche *Einstellungen*.

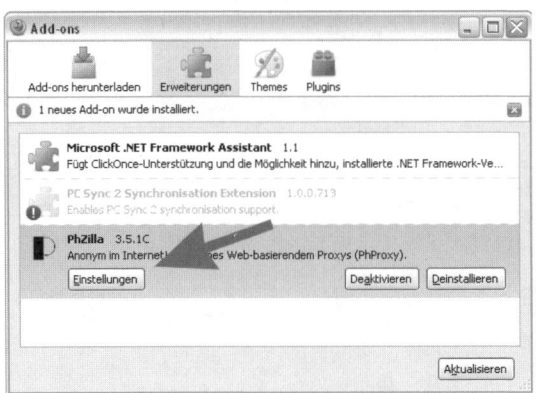

Bild 3.5 Das *Add-ons*-Fenster zeigt das neu installierte Plug-in an.

4. Im Fenster *PhProxy Einstellungen* können Sie nun entweder in der ersten Zeile die Adresse zu Ihrem eigenen PHProxy-Skript auf Ihrem Webserver eintragen oder aus der zweiten Zeile einen öffentlichen Proxy auswählen.

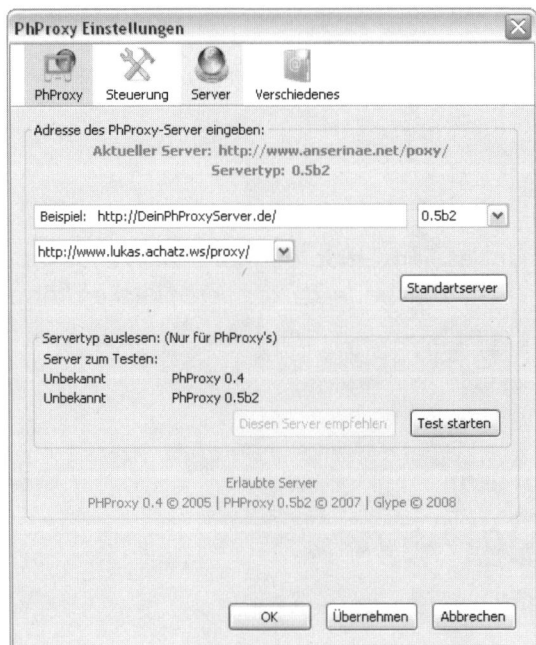

Bild 3.6 PHProxy-Einstellungen.

5. Haben Sie die entsprechende URL eingetragen bzw. einen öffentlichen Proxy ausgewählt, klicken Sie gegebenenfalls auf *Test starten* oder direkt auf *Übernehmen*, um die Einstellungen zu sichern.

6. Über die Registerkarte *Server* können Sie Ihren eigenen PHProxy als Server hinzufügen, sodass er als Standardserver eingerichtet ist.

7. Haben Sie alle Einstellungen vorgenommen, schließen Sie das Fenster durch einen Klick auf den *OK*-Button.

8. Möchten Sie nun eine Webseite über den Proxy laden, können Sie am rechten unteren Bildschirmrand auf das *P*-Symbol in Firefox klicken.

Bild 3.7 Durch einen Klick auf dieses Symbol wird die aktuell aufgerufene Webseite durch den Webproxy aufgerufen.

9. Um zu überprüfen, ob Sie eine Seite über einen Webproxy aufrufen können, empfiehlt es sich, eine Webseite, die Ihre IP-Adresse preisgibt, zu starten.

Rufen Sie deshalb z. B. die URL *www.wieistmeineip.de* auf.

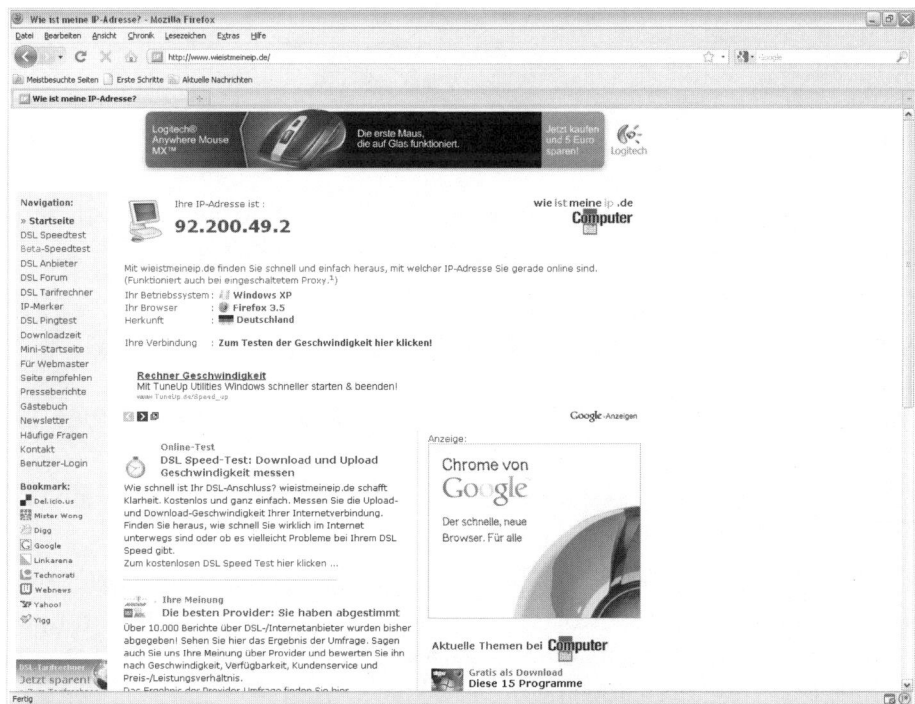

Bild 3.8 *www.wieistmeineip.de:* direkt und ohne Proxy aufgerufen.

10. Die Seite zeigt jetzt Ihre öffentliche IP-Adresse an. Klicken Sie danach auf das *P*-Symbol am rechten unteren Bildschirmrand, um die Seite über den Webproxy aufzurufen.

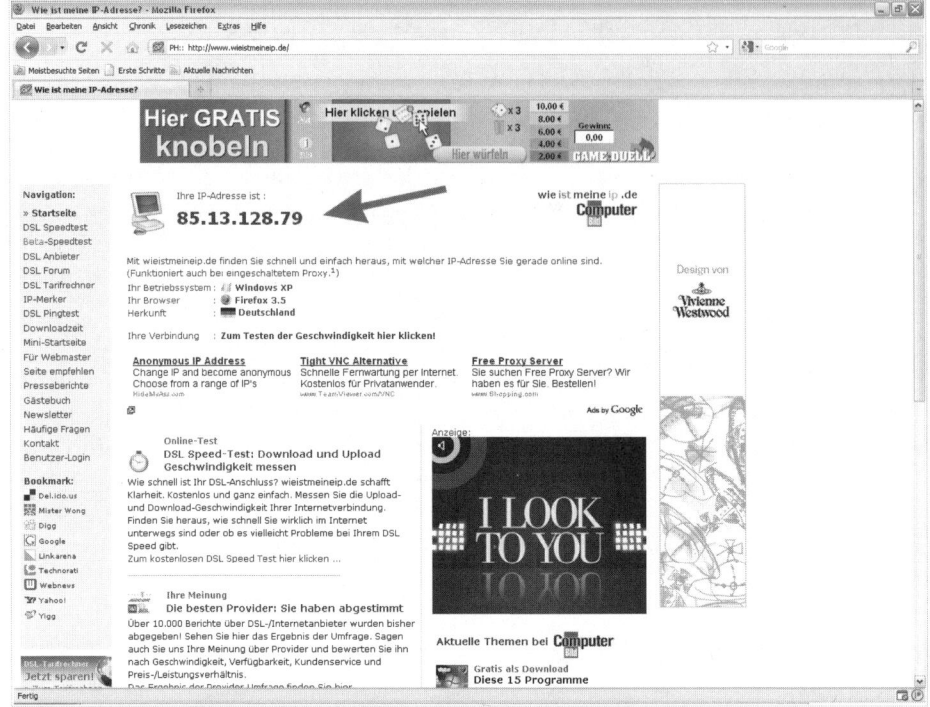

Bild 3.9 *www.wieistmeineip.de:* durch den Webproxy aufgerufen.

Wie Sie sehen, hat sich die IP-Adresse geändert. Die Webseite zeigt Ihnen jetzt die öffentliche IP-Adresse des Webproxys an, über den Sie surfen.

3.3   Besser als ein Webproxy: der SSH-Tunnel

Sollten Sie keine Möglichkeit haben, ein eigenes Webproxyskript auf einem Webserver zu betreiben, oder sind alle Ihnen bekannten öffentlichen Webproxys vom Netzwerkadministrator gesperrt worden, bleibt meist noch der Weg, einen SSH-Tunnel zu nutzen.

Diese Lösung ist ein wenig aufwendiger als die bereits vorgestellten Lösungen, jedoch kann man sich über diesen Weg komplett an den Webfiltern und am eventuell vorhandenen lokalen Zwangsproxy vorbeimogeln – und somit können Ihre Webaktivitäten auch nicht protokolliert werden.

Das Einzige, was Ihr Netzwerkadministrator unter Umständen zu sehen bekommt, ist eine Aktivität auf Port *22* – mehr nicht!

Was ist ein SSH-Tunnel?

Einen SSH-Tunnel zu nutzen heißt, dass alle Aufrufe des Browsers nicht über das lokale Netzwerk verarbeitet werden, sondern verschlüsselt zu einem Server weitergeleitet werden, der die Aufrufe weiterverarbeitet.

Wie auch bei HTTPS-Verbindungen läuft eine Verbindung zu einem SSH-Server komplett verschlüsselt ab, sodass das, was Sie über die SSH-Verbindung tunneln, nicht ausgewertet werden kann. Somit können Ihre Webaktivitäten in unsicheren Netzwerken weder belauscht noch mitprotokolliert werden.

Netzwerkverkehr an Zwangsproxy und Contentfilter vorbeischleusen

Sehr viele Schulen des Bundeslands Baden-Württemberg setzen als Betriebssystem für den Schulserver die eigens entwickelte Distribution »paedML« (»Linux-Musterlösung« genannt) ein – eine Komplettlösung, die es dem Netzwerkadministrator auf einfachste Art und Weise erlaubt, das Schulnetzwerk zu verwalten. Hierfür bedient man sich vieler Open-Source-Produkte, wie z. B. dem Proxyserver »Squid« inklusive Webfilter »SquidGuard«.

Alle Internetzugriffe der Schulcomputer werden an den Squid-Proxyserver geleitet, wobei SquidGuard überprüft, ob die gewünschte URL gesperrt ist und daher nicht aufgerufen werden darf. Dieses ausgeklügelte System der Webfilterung hat jedoch seine Tücken.

So wurde beispielsweise komplett vergessen, andere Ports, wie z. B. Port 22 (SSH), für den netzinternen Zugriff zu sperren.

Auch Computern, die dem System nicht bekannt sind, wie z. B. WLAN-Geräte von Schülern, wird der Zugriff auf das Internet nicht gestattet. Das wird dadurch realisiert, dass der interne DNS-Server, der die Domainnamen auflöst, Anfragen von unbekannten Netzwerkgeräten verweigert. Auch die Nutzung alternativer DNS-Server wird blockiert. Jedoch lassen sich IP-Adressen ohne Weiteres aufrufen.

Diese beiden Schwachstellen lassen sich nun ausnutzen, um den Zwangsproxy und den Webfilter zu umgehen und in einem eigentlich geschützten Netzwerk unzensierten Zugriff auf das Internet zu bekommen.

Die Vorbereitung

Wie bereits erwähnt, gestaltet sich die Nutzung eines SSH-Tunnels ein wenig aufwendiger als die Nutzung eines Webproxys. Wer nicht gerade einen Server sein Eigen nennt, benötigt einen Computer, der zu dem Zeitpunkt eingeschaltet sein muss, an dem man von einem fremden Netzwerk aus eine Verbindung über den SSH-Tunnel nutzen möchte.

Sie können hierfür Ihren normalen Computer benutzen. Wichtig ist, dass auf diesem Computer ein SSH-Server installiert sein muss, der Tunneling erlaubt. Zusätzlich muss Port 22 in der lokalen Firewall sowie in der Firewall des Routers freigegeben werden. Lesen Sie nun Schritt für Schritt, wie Sie vorgehen müssen:

1. Für die Nutzung des SSH-Servers auf einem Windows-PC empfiehlt sich die kostenlose Open-Source-Software »freeSSHd«, die Sie unter der URL *www.freesshd.com/* herunterladen können.

   Diese Software zeichnet sich dadurch aus, dass sie alle Funktionen beinhaltet, die die Nutzung einer SSH-Verbindung als Tunnel ermöglicht. Zudem lässt sie sich leicht konfigurieren und gegen Angriffe von außen absichern.

2. Achten Sie darauf, dass Sie am Ende der Installation von freeSSHd die beiden folgenden Fenster mit *Ja* bestätigen.

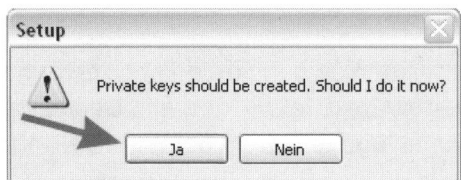

Bild 3.10 Bestätigen Sie die Frage nach der Erstellung eines Private Key mit *Ja*.

Bild 3.11 Bestätigen Sie auch diese Frage mit *Ja*.

3. Ist die Installation abgeschlossen, ist nun ein neues Symbol in Ihrer Taskleiste neben der Uhr aufgetaucht.

Bild 3.12 Das freeSSHd-Symbol erscheint nun in der Taskleiste.

4. Öffnen lässt sich freeSSHd durch einen einfachen Linksklick auf das Symbol in Ihrer Taskleiste. Sollte dort kein Symbol erscheinen, können Sie das Programm natürlich auch über das Windows-Startmenü öffnen.

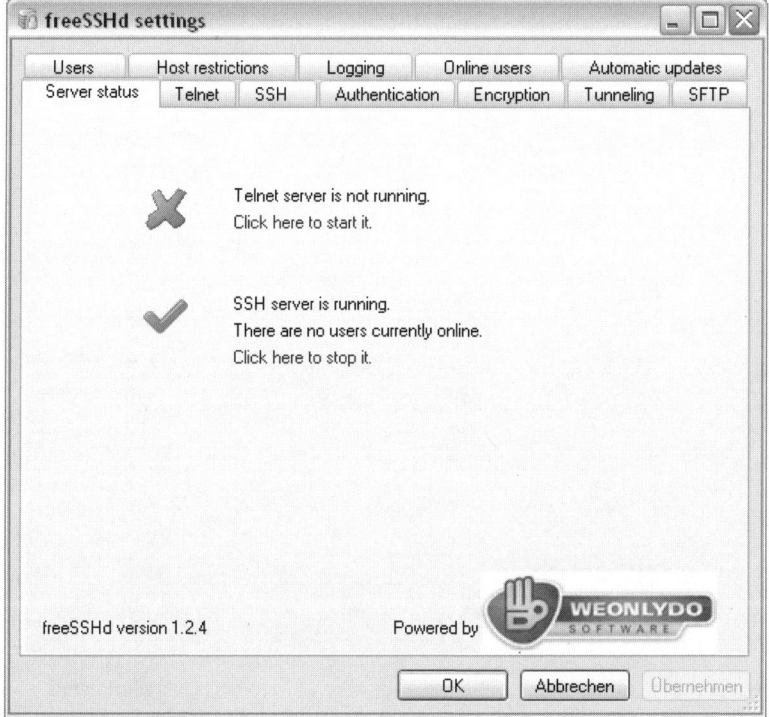

Bild 3.13 Die Statusübersicht zeigt den Serverstatus beim Öffnen von freeSSHd an.

Anhand dieser Statusübersicht können Sie nun erkennen, dass der Start des SSH-Servers, der standardmäßig aktiv ist, erfolgreich war. Der Telnet-Server ist von Haus aus deaktiviert, was auch nicht geändert werden sollte.

Damit Sie auch auf den SSH-Server zugreifen und ihn nutzen können, sind noch die folgenden Schritte notwendig:

5. Navigieren Sie zur Registerkarte *SSH* und wählen Sie, wie auf der Abbildung zu sehen, Ihre lokale IP-Adresse aus, die zu der Netzwerkkarte gehört, über die eine Verbindung zum Internet besteht. Ob direkt oder über einen Router, spielt keine Rolle. Sollten Sie nicht wissen, welche der zur Verfügung stehenden IP-Adressen die richtige ist, können Sie auch 0.0.0.0 (*All interfaces*) auswählen.

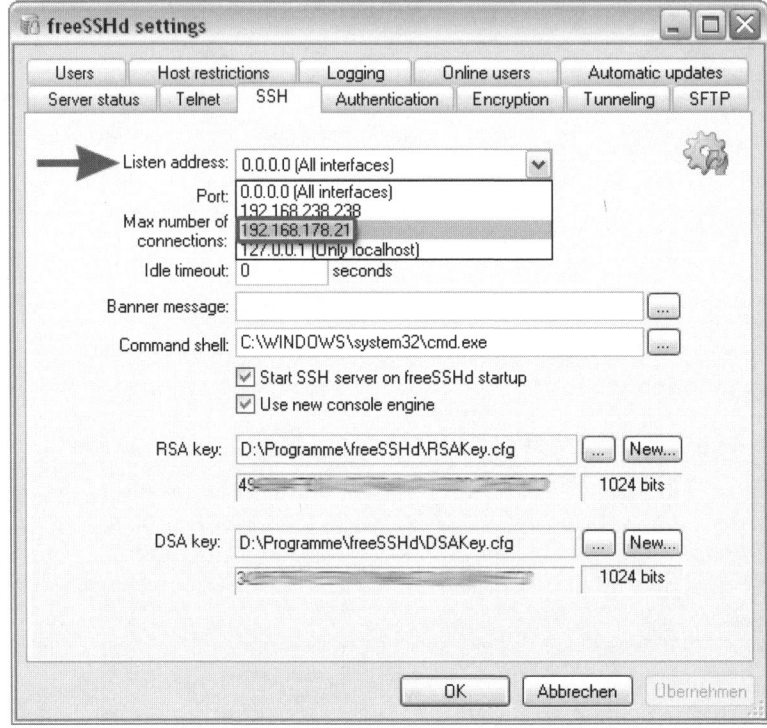

Bild 3.14 Wählen Sie neben *Listen address* die IP-Adresse aus, über die eine Verbindung zum Internet besteht und über die der SSH-Server eingehende Verbindungen annehmen soll.

6. Haben Sie den passenden Eintrag bei *Listen address* ausgewählt, gehen Sie im oberen Teil des Fensters zur Registerkarte *Tunneling*.

   Das Setzen der beiden Häkchen sorgt dafür, dass eingehende wie auch ausgehende Verbindungen über den SSH-Server getunnelt werden können. Somit können Webanfragen Ihres Browser aus einem entfernten Netzwerk über Ihren SSH-Server zu Hause geleitet werden.

Es ist wichtig, dass Sie beide Häkchen für *Allow local port forwarding* und für *Allow remote port forwarding* setzen, da sonst bei dem Versuch, eine Webseite über den SSH-Tunnel aufzurufen, nur eine weiße Fläche anstatt der gewünschten Webseite erscheint.

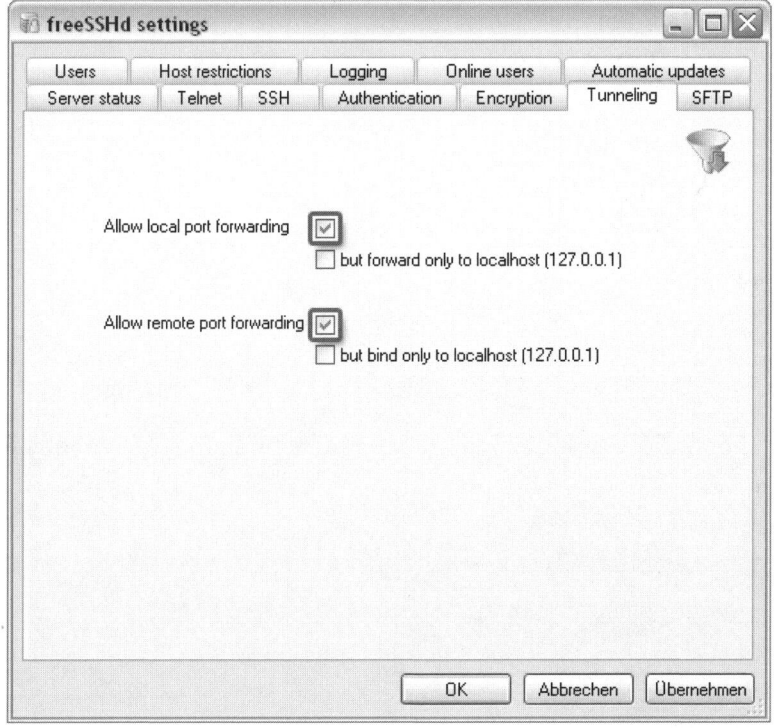

Bild 3.15 Setzen Sie jeweils einen Häkchen bei *Allow local port forwarding* und *Allow remote port forwarding*.

Dasselbe würde auch passieren, wenn Sie Häkchen bei *but forward/bind only to localhost (127.0.0.1)* setzten, deshalb darf dort kein Häkchen eingetragen sein.

7. Damit sich kein Unbefugter Zugriff auf Ihren SSH-Server verschaffen kann, muss im nächsten Schritt mindestens ein SSH-Benutzerkonto angelegt werden, mit dem Sie sich von einem entfernten Netzwerk aus einloggen können.

Neue Benutzerkonten lassen sich über die Registerkarte *Users* und dort wiederum über die Schaltfläche *Add* hinzufügen.

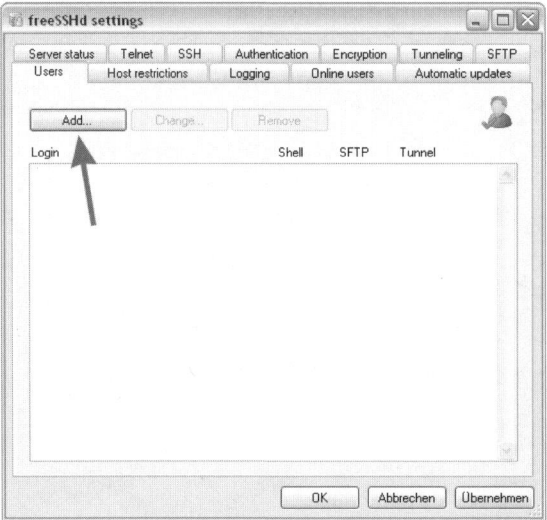

Bild 3.16 Legen Sie einen neuen Benutzeraccount an, indem Sie auf die Schaltfläche *Add* klicken.

Nach dem Klick auf die besagte Schaltfläche öffnet sich folgendes Fenster:

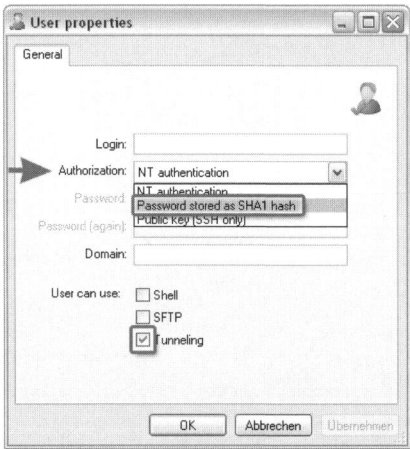

Bild 3.17 Wählen Sie zuerst unter *Authorization* den Eintrag *Password stored as SHA1 hash* aus.
Setzen Sie zudem ein Häkchen bei *Tunneling*.

8. Legen Sie, nachdem Sie die notwendigen Einstellungen vorgenommen haben, unter *Login* einen Benutzernamen sowie unter *Password* und *Password (again)* ein entsprechend sicheres Passwort für das neue Benutzerkonto fest.

9. Nach dem Klick auf die *OK*-Schaltfläche erscheint im Fenster *freeSSHd settings* der Eintrag mit dem neu angelegten Benutzerkonto. Dabei werden die Punkte *Shell* und *SFTP* in roter Farbe dargestellt, *Tunnel* dagegen in Grün.

Dies hat zur Folge, dass Sie sich mit diesem Benutzerkonto nur das Tunneling über den SSH-Server nutzen lässt, nicht aber der Zugriff auf den Computer über die Shell oder der Datenaustausch über SFTP.

Bild 3.18 Das Benutzerkonto wurde erfolgreich erstellt, und die Rechte hierfür wurden korrekt festgelegt: Shell- und SFTP-Zugriff sind untersagt, Tunneling ist jedoch erlaubt.

10. Über die Registerkarte *Host restrictions* lassen sich einzelne IP-Adressen (z. B. *85.13.128.79*) oder IP-Adressbereiche (z. B. *85.13.**) für die Nutzung des SSH-Servers blockieren und nur die eingetragenen Adressen/Adressbereiche für die Nutzung freigeben.

Das ist sinnvoll, wenn Sie von einem Netzwerk, das über eine statische IP-Adresse verfügt, auf Ihren SSH-Server zugreifen möchten.

Bei einem Zugriff von einem Netzwerk mit dynamischer IP-Adresse können Sie den genutzten IP-Adressbereich des Providers freigeben, da sich in der Regel nur die letzten zwei Blöcke bei der Neuvergabe von IP-Adressen ändern.

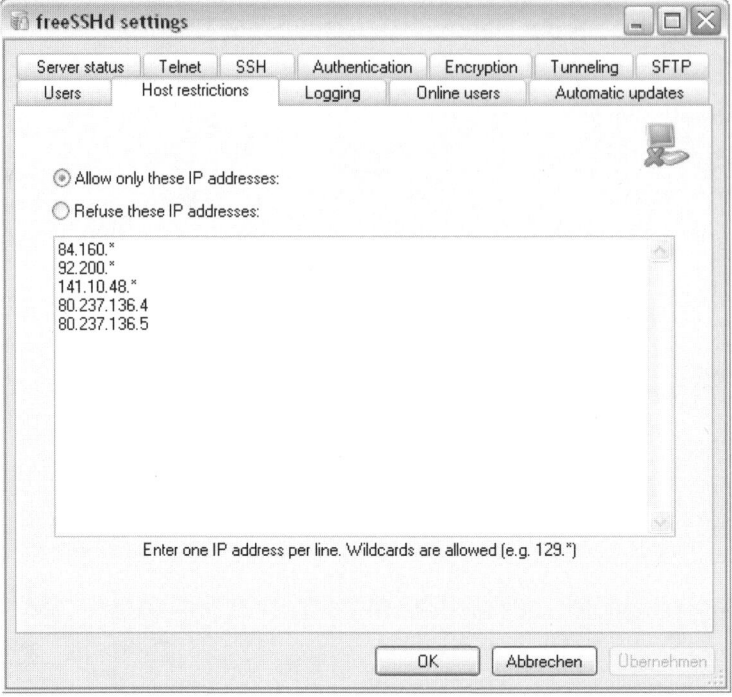

Bild 3.19 Wenn Sie *Allow only these IP addresses* aktivieren, können nur diejenigen IP-Adressen oder IP-Netze auf Ihren SSH-Server zugreifen, die Sie in das Kästchen eintragen. Wählen Sie stattdessen *Refuse these IP addresses* aus, passiert genau das Gegenteil, und die eingetragenen IP-Adressen/Netze werden geblockt.

11. Dem Beispiel, das auf der Abbildung zu sehen ist, kann man entnehmen, dass hier beispielsweise alle IP-Adressen von *84.160.0.0* bis *84.160.255.255* (einer der vielen IP-Adressbereiche der Deutschen Telekom AG) eine Verbindung zum SSH-Server herstellen dürfen.

Dasselbe gilt für die IP-Adressen aus dem IP-Adressbereich von *92.200.0.0* bis *92.200.255.255* (ein IP-Adressbereich des Providers QSC AG) sowie für alle IP-Adressen, die mit *141.10.48.xx* beginnen.

Die IP-Adressen *80.237.136.4* und *80.237.136.5* dürfen ebenfalls – als einzige aus dem *80.237.136.x*-Bereich – auf den SSH-Server zugreifen.

Alle anderen IP-Adressen, die versuchen, eine Verbindung zum SSH-Server herzustellen, werden abgewiesen.

12. Um sicherzustellen, dass Sie den Überblick über die Aktivitäten Ihres SSH-Servers bewahren, aktivieren Sie auf jeden Fall das Protokollieren (Loggen) der Zugriffe. Öffnen Sie den dazugehörigen Einstellungsdialog, indem Sie die Registerkarte *Logging* öffnen.

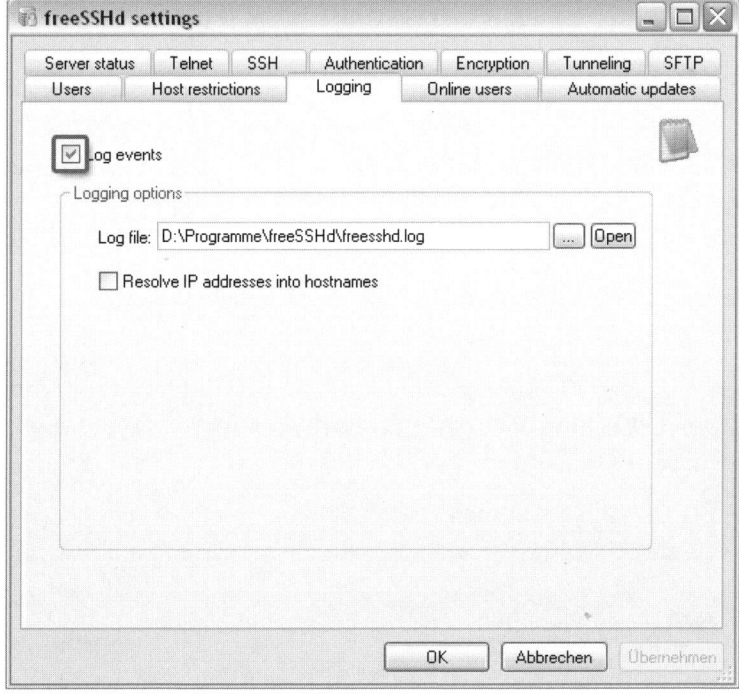

Bild 3.20 Unter der Rubrik *Logging* können Sie das Aufzeichnen der Verbindungsaktivitäten ein- bzw. ausschalten, den Speicherort der Logdatei setzen sowie bestimmen, ob die Hostnamen aufgelöst werden sollen oder nicht.

13. Setzen Sie ein Häkchen bei *Log events*, damit alle Verbindungen und Verbindungsversuche zum SSH-Server protokolliert werden.

    Sollten Sie den Speicherort der Datei ändern wollen, können Sie das tun, indem Sie ihn entweder direkt eintragen oder ihn über die Schaltfläche mit den drei Punkten (…) auswählen.

    Wünschen Sie die Auflösung der IP-Adressen in Hostnamen, setzen Sie bei *Resolve IP addresses into hostnames* ein Häkchen.

    Nun sind Sie mit der Konfiguration des SSH-Servers fertig und können mit dem nächsten Schritt fortfahren.

Das Logfile des SSH-Servers

Wenn sich nun ein User erfolgreich mit dem SSH-Server verbindet und den Tunneling-Service nutzt, sehen Sie das im Logfile durch den folgenden Eintrag:

```
01-08-2010 23:21:27 HOST 92.200.87.140 SSH connection attempt.
```

```
01-08-2010 23:21:51 HOST 92.200.87.140 SSH domi successfully
logged on using password.
```

```
01-08-2010 23:22:01 Tunneling service granted to user domi.
```

Haben Sie außerdem die Option für das Auflösen der IP-Adressen zu Hostnamen aktiviert, sehen Sie im Logfile statt der IP-Adresse den entsprechenden Host-namen:

```
01-08-2010 23:21:27 HOST port-92-200-87-140.dynamic.qsc.de SSH
connection attempt.
```

Hat ein Unbefugter, dessen IP-Adresse nicht auf der Liste der freigegebenen IP-Adressen steht, versucht, eine Verbindung zum SSH-Server aufzubauen, er-scheint folgender Eintrag im Logfile:

```
01-09-2010 20:14:44 IP 59.108.230.130 SSH can't connect.
IP isn't allowed due to host restrictions.
```

Firewall konfigurieren

Damit eine Verbindung von außerhalb zu Ihrem Computer und dem darauf befindlichen SSH-Server hergestellt werden kann, müssen Sie den entsprechen-den Port für SSH in der Firewall Ihres Computers sowie in der Ihres Routers frei-geben.

SSH-Port in Software-Firewall freigeben

Zu der Konfiguration der Firewall Ihres Computers kann an dieser Stelle leider keine pauschale Erläuterung gegeben werden, da sich jede Software-Firewall anders konfigurieren lässt.

1. Setzen Sie Sie beispielsweise die Windows-Firewall ein, konfigurieren Sie sie im *Windows-Sicherheitscenter*, das Sie über die *Systemsteuerung* aufrufen.

2. Nach dem Klick auf *Windows-Firewall* und dem Öffnen der Registerkarte *Aus-nahmen* erstellen Sie über den Klick auf die Schaltfläche *Port* eine neue Frei-gabe für den SSH-Server.

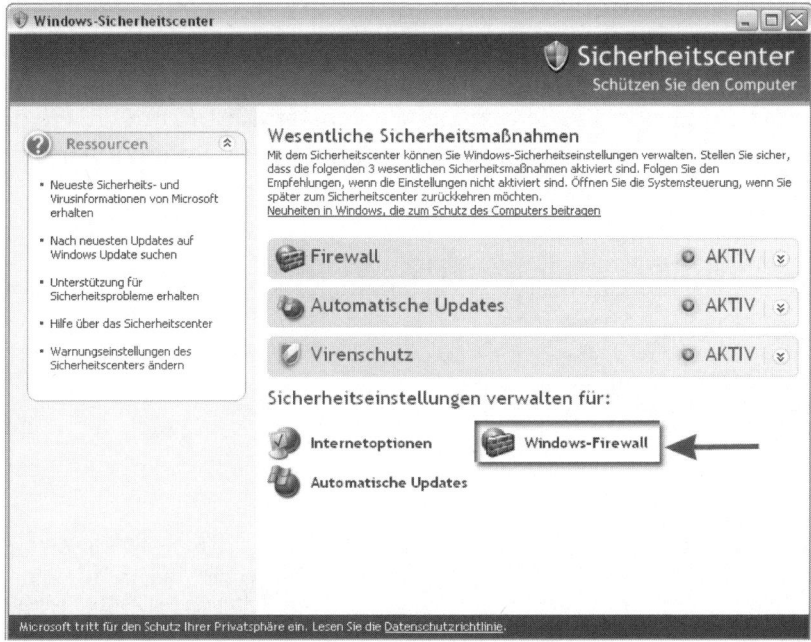

Bild 3.21 Im *Windows-Sicherheitscenter* verwalten Sie, sofern Sie keine andere Software-Firewall einsetzen, die Konfiguration zum Schutz Ihres Systems.

Bild 3.22 Auf der Registerkarte *Ausnahmen* werden alles lokalen Freigaben aufgeführt.

3. Nach dem Anklicken des *Port*-Buttons öffnet sich das Fenster *Port hinzufügen*, in das Sie einen beliebigen Namen, z. B. *SSH*, und die Portnummer *22* eintragen sowie *TCP* einschalten, um eine Freigabe für Ihren SSH-Server in der Firewall anzulegen. Bestätigen Sie alle Fenster mit *OK*, um die Freigabe zu aktivieren. Ist das erledigt, fahren Sie mit der Konfiguration Ihrer Router-Firewall fort.

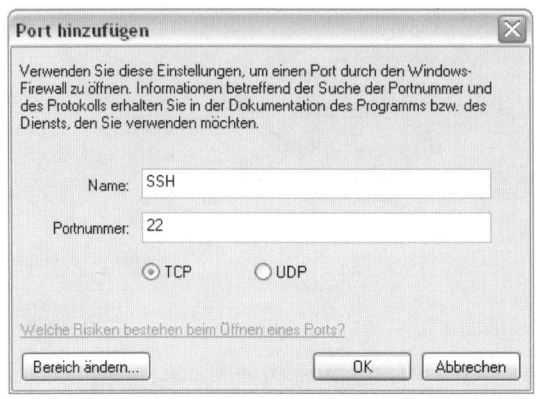

Bild 3.23 Welchen Namen Sie der Freigabe geben, ist egal. Wichtig ist, dass bei *Portnummer 22* eingetragen und als Protokoll *TCP* ausgewählt ist.

Wie bereits zu Anfang erwähnt, bezieht sich dieses Beispiel nur auf die Konfiguration der standardmäßigen Windows-Firewall. Sollten Sie eine andere Software-Firewall einsetzen, die z. B. Bestandteil eines Sicherheitspakets ist, müssen Sie sie gemäß der Herstelleranleitung konfigurieren und können die Beispielkonfiguration der Windows-Firewall ignorieren.

SSH-Port in der Firewall des Routers freigeben

Die Router-Firewall konfigurieren Sie auf der Weboberfläche des Routers, die meist über folgende Adressen zu erreichen ist:

- *http://192.168.178.1*

- *http://192.168.100.1*

- *http://192.168.2.1*

Im dortigen Einstellungsmenü für die Firewall muss der Port *TCP 22* für die lokale IP-Adresse des Computers, auf dem der SSH-Server betrieben wird, freigegeben werden. In der folgenden beispielhaften Schritt-für-Schritt-Anleitung sehen Sie, wie Sie die Firewall einer FRITZ!Box richtig konfigurieren:

1. Öffnen Sie Ihren Webbrowser und rufen Sie die Adresse *http://fritz.box* oder alternativ *http://192.168.178.1* auf.

2. Haben Sie ein Kennwort zum Schutz der Weboberfläche bestimmt, geben Sie es jetzt ein und klicken auf *Anmelden*, um fortzufahren.

Bild 3.24 Sofern Sie ein Kennwort gesetzt haben, geben Sie es nun ein und klicken auf *Anmelden*.

3. Haben Sie keinen Kennwortschutz festgelegt, erscheint unmittelbar nach dem Klick auf *Anmelden* die FRITZ!Box-Weboberfläche. Klicken Sie dort auf die gelbe Schaltfläche *Einstellungen*.

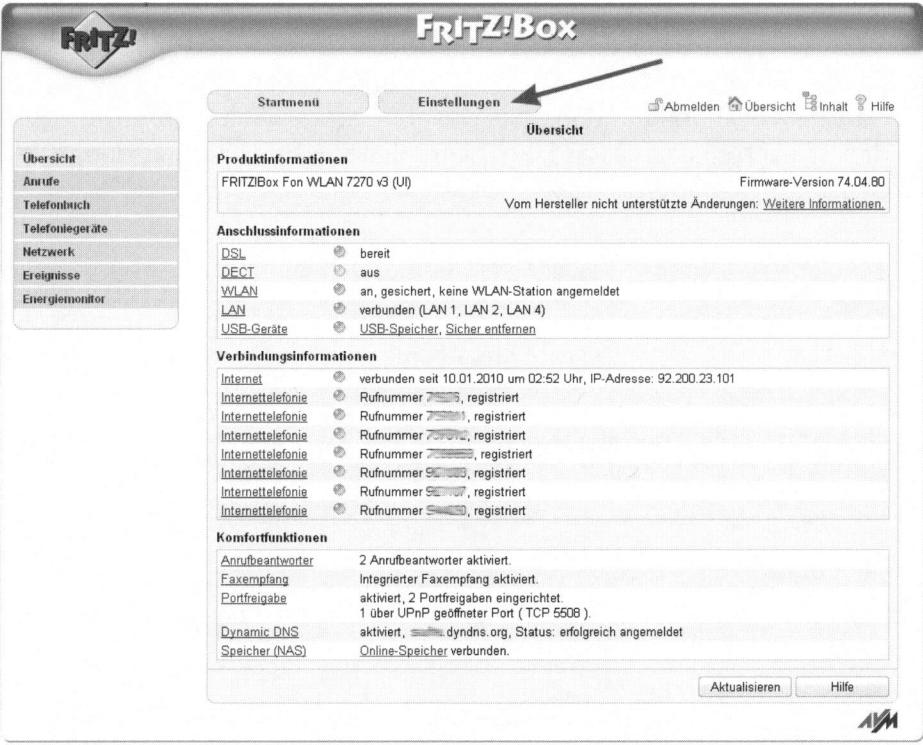

Bild 3.25 Die Schaltfläche *Einstellungen* finden Sie im obersten Abschnitt der Weboberfläche.

4. Nach dem Klick auf *Einstellungen* klicken Sie auf der neu geladenen Seite im linken Navigationsbereich auf den Textlink *Internet*.

Bild 3.26 Ob Sie *Internet* in der linken Navigationsleiste oder unter *Einrichten in den Erweiterten Einstellungen* auswählen, spielt keine Rolle.

5. Klicken Sie jetzt im linken Navigationsmenü auf den Unterpunkt *Freigaben*. Nachdem die Konfigurationsseite des eben ausgewählten Unterpunkts geladen ist, kann eine neue Portfreigabe für den SSH-Server durch einen Klick auf den Button *Neue Portfreigabe* angelegt werden.

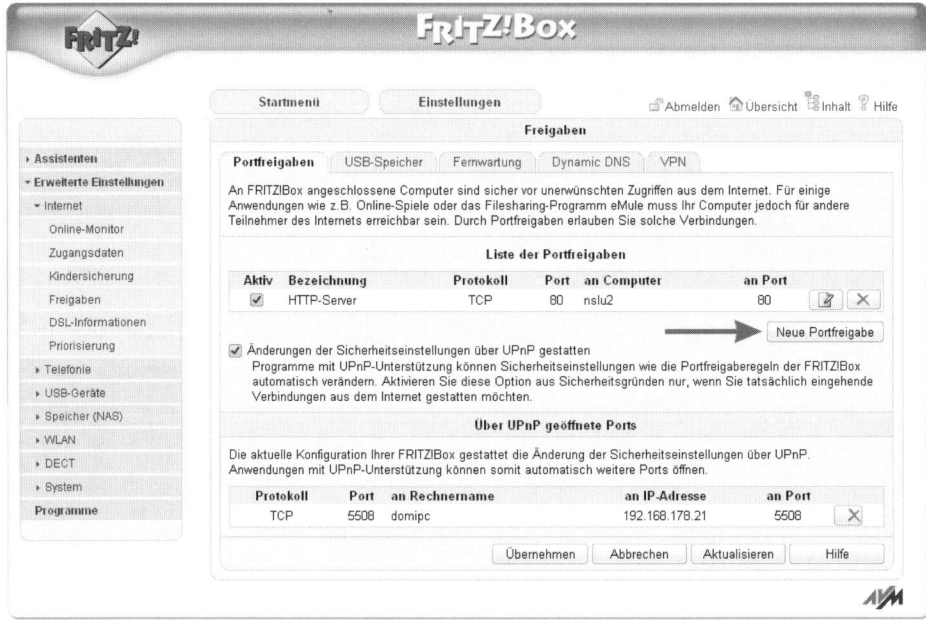

Bild 3.27 Unter der *Liste der Portfreigaben* finden Sie den Button, um eine neue Portfreigabe hinzuzufügen.

6. Im Drop-down-Menü, in dem die Freigabe für eine vorkonfigurierte Anwendung angelegt werden kann, wählen Sie *Andere Anwendungen*, da ein SSH-Server nicht zur Auswahl steht.

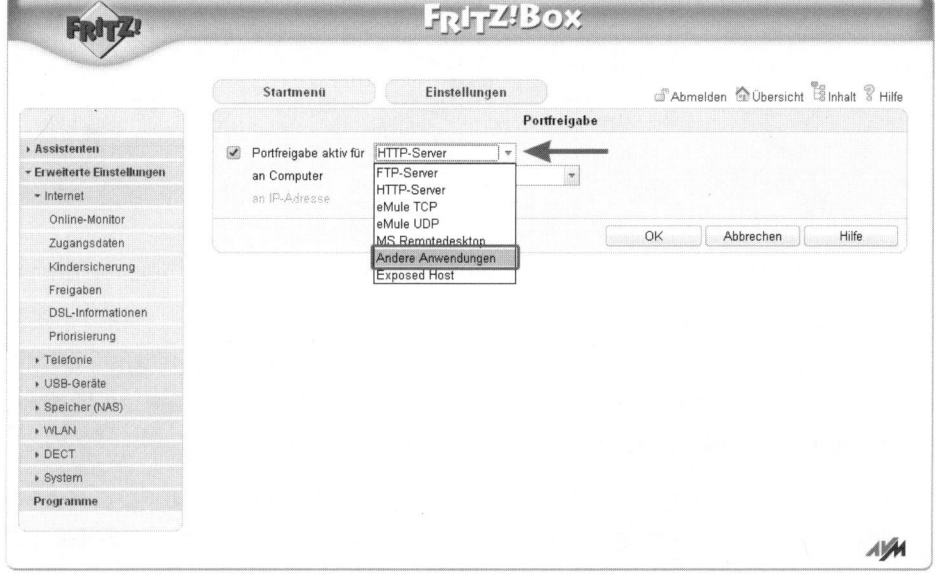

Bild 3.28 Die FRITZ!Box stellt für die am häufigsten genutzten Anwendungsszenarien die passenden Konfigurationen bereit. Da aber für einen SSH-Server die passenden Einstellungen nicht vorkonfiguriert sind, muss *Andere Anwendungen* ausgewählt werden.

Als *Bezeichnung* können Sie beispielsweise *SSH* verwenden.

Bei *Protokoll* muss *TCP* und als *Port* muss *22* gewählt werden.

Für *an Computer* wählen Sie den Rechner aus, auf dem sich Ihr SSH-Server befindet. Das Feld *bis Port* kann leer gelassen werden.

Für das Feld *an Port* wählen Sie erneut *22*.

Wenn das Netzwerk, von dem aus Sie auf Ihren heimischen SSH-Server zugreifen möchte, den SSH-Port *22* blockt, können Sie alternativ den HTTPS-Port *443* nutzen.

Hierzu tragen Sie bei der Konfiguration der Router-Firewall im Feld *an Port* die Portnummer *443* ein.

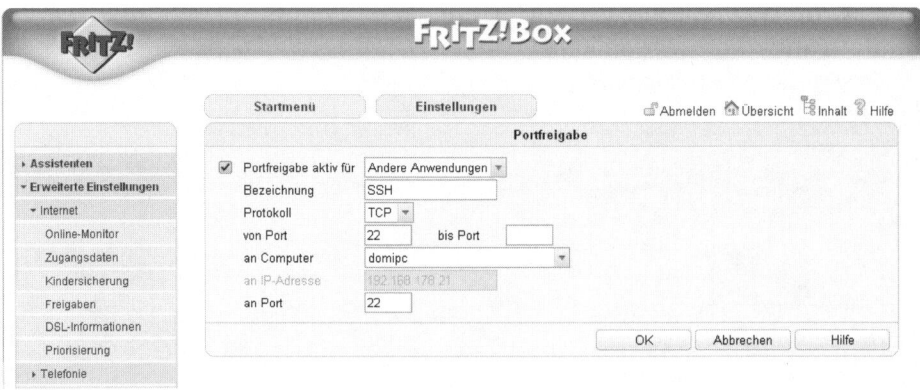

Bild 3.29 Abgesehen von der Auswahl *an Computer* können alle abgebildeten Angaben eins zu eins übernommen werden.

7. Wenn Sie statt Port 22 den Port 443 verwenden, achten Sie darauf, dass Sie im späteren Verlauf für Verbindungen, die außerhalb Ihres internen Netzwerks aufgebaut werden (z. B. mittels PuTTY), Port 443 als SSH-Port eintragen.

8. Abschließend sichern Sie die Einträge durch einen Klick auf den *OK*-Button, woraufhin Sie automatisch zur Seite mit den Portfreigaben zurückkehren.

Dort wird nun der eben angelegte Eintrag angezeigt, was darauf hindeutet, dass alles geklappt hat und die FRITZ!Box nun alle eingehenden Anfragen aus dem Internet auf Port 22 zu Ihrem lokalen Rechner, auf dem der SSH-Server läuft, durchroutet.

Funktioniert der SSH-Server?

Um zu testen, ob Sie nun von einem Computer außerhalb Ihres Netzwerks eine Verbindung zu Ihrem Computer zu Hause aufbauen können, laden Sie sich am besten das Programm PuTTY aus dem Internet herunter. Diese Anwendung ermöglicht es, Telnet- und SSH-Verbindungen zu einem anderen Rechner.aufzubauen.

☑ LESEZEICHEN

http://bit.ly/1kyS98

PuTTY: Hier finden Sie das Terminalprogramm PuTTY. Das Programm lässt sich ohne Installation direkt ausführen und erfordert hierzu nicht einmal Administratorrechte.

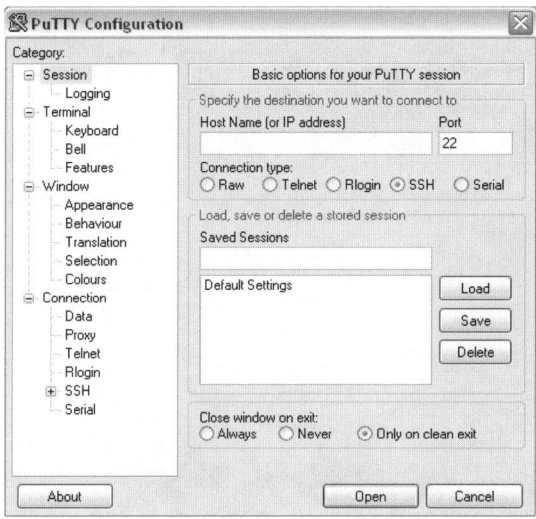

Bild 3.30 Das Terminalprogramm PuTTY erlaubt es, Verbindungen über SSH zu tunneln.

1. Um die Serverfunktionalität erst einmal lokal zu testen – also direkt von dem Rechner, auf dem der SSH-Server läuft –, müssen Sie den SSH-Server neben der Netzwerkkarte auch auf das lokale Loop-back-Netzwerkinterface lauschen lassen.

   Wählen Sie hierzu in den freeSSHd-Einstellungen auf der Registerkarte *SSH* unter *Listen addresses: 0.0.0.0 (All interfaces)* aus.

   Außerdem müssen Sie auf der Registerkarte Host *restrictions* die IP-Adresse *127.0.0.1* der Liste der erlaubten IP-Adressen hinzufügen.

2. Möchten Sie darüber hinaus die Erreichbarkeit Ihres SSH-Servers von einem anderen Computer in Ihrem lokalen Netzwerk testen, müssen Sie die IP-Adresse des Computers, von dem eine Verbindung aufgebaut werden soll, ebenfalls dieser Liste hinzufügen.

   Führen Sie PuTTY von dem Rechner aus, auf dem sich auch der SSH-Server befindet, tragen Sie im Eingabefeld unter *Host Name (or IP address) localhost* ein und klicken anschließend auf die Schaltfläche *Open*.

3. Konnte die Verbindung hergestellt werden, erscheint das auf der Abbildung gezeigte Hinweisfenster *PuTTY Security Alert*, das Sie mit *Ja* bestätigen müssen.

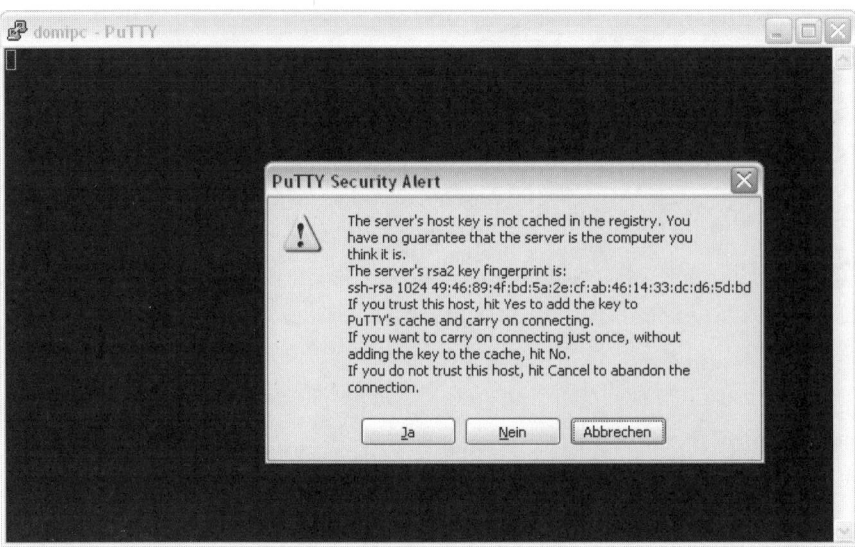

Bild 3.31 PuTTY kennt den RSA2-Schlüssel Ihres Servers noch nicht, deshalb erscheint dieses Hinweisfenster.

4. Haben Sie Ihren Benutzernamen mitsamt dem dazugehörigen Passwort eingegeben, müsste folgender Schriftzug im schwarzen PuTTY-Terminalfenster zu sehen sein:

```
This service is prohibited.
```

Wenn ja, ist Ihr SSH-Server aktiv, und das Benutzerkonto, mit dem Sie sich eingeloggt haben, wurde entsprechend konfiguriert, sodass nur Tunneling erlaubt ist.

Ist hingegen folgender (oder ein ähnlicher) Schriftzug zu sehen, ist auch der Shell-Zugriff für das Benutzerkonto freigegeben:

```
Microsoft Windows XP [Version 5.1.2600]
C) Copyright 1985-2001 Microsoft Corp.
C:\Dokumente und Einstellungen\Benutzername\Desktop>
```

Wollen Sie auf fremden Computern nur das Tunneling nutzen, verbieten Sie den Shell-Zugriff. Das legen Sie für den jeweiligen Benutzernamen über die *freeSSHd*-Einstellungen auf der Registerkarte *Users* fest.

Was tun, wenn die Verbindung fehlschlägt?

Erscheint beim Versuch, eine Verbindung herzustellen, z. B. diese Fehlermeldung, kann es dafür verschiedene Gründe geben.

Bild 3.32 PuTTY kann keine Verbindung herstellen.

Folgende Ursachen können hierfür verantwortlich sein:

- Der SSH-Server ist nicht aktiv.

- Der SSH-Server lauscht nicht auf der richtigen Netzwerkkarte.

- Die Liste der Host restrictions ist nicht richtig konfiguriert.

- In der Firewall ist Port 22 nicht freigegeben.

- Der Rechner, auf dem der SSH-Server läuft, ist nicht aus dem Quellnetz erreichbar.

Überprüfen Sie also die Einstellungen von freeSSHd sowie die Einstellungen Ihrer Firewall, um solche Fehler zu vermeiden bzw. zu korrigieren.

Stets von außen erreichbar durch dynamisches DNS

Einer der Hauptunterschiede zwischen privaten Internetanschlüssen und denen von Unternehmen besteht darin, dass bei fast allen DSL-Anschlüssen, die für die private Nutzung ausgelegt sind, nach 24 Stunden die Verbindung kurzzeitig getrennt wird und Sie in dieser Phase eine neue IP-Adresse aus dem Adresspool Ihres Providers zugewiesen bekommen.

Anschlüsse, die für die kommerzielle Nutzung konfiguriert sind, verfügen hingegen über eine statische IP-Adresse sowie über eine permanente Verbindung zum Internet, was diese Art des Internetzugangs als Standleitung qualifiziert.

Darüber hinaus ist dieser festen IP-Adresse auch ein Domainname zugeordnet, sodass ein Server, der dieser Adresse zugeordnet ist, stets über *standort1.firma-xy.de* erreicht werden kann.

Damit Sie aber nun trotz eines privaten Internetanschlusses von außen erreichbar bleiben, ohne sich dabei immer die sich täglich ändernde IP-Adresse Ihres Anschlusses merken zu müssen, benötigen Sie einen dynamischen DNS-Dienst (DDNS), der Ihre momentane IP-Adresse kennt und Ihnen einen Domainnamen zur Verfügung stellt, unter dem Sie erreichbar sind.

Somit müssen Sie sich nun keine lange Zahlenkombination wie *192.0.32.10* mehr merken, um Ihren Server zu Hause zu erreichen, sondern können sich beispielsweise über *meinheimserver.dyndns.org* verbinden.

Für die Nutzung eines solchen Diensts gibt es verschiedene Anbieter, die ihre Dienste kostenlos anbieten. Am verbreitetsten ist hierbei der Anbieter *dyndns. org*.

Nahezu alle aktuellen Routermodelle sind in der Lage, einen dynamischen DNS-Dienst mit der aktuellen IP-Adresse zu versorgen. Das ist, wie bereits gesagt, unerlässlich, um erreichbar zu bleiben, wenn Ihre IP-Adresse wechselt.

Wie Sie Ihren Router für die Nutzung von dynamischen DNS-Diensten einstellen, entnehmen Sie bitte der Bedienungsanleitung Ihres Routers.

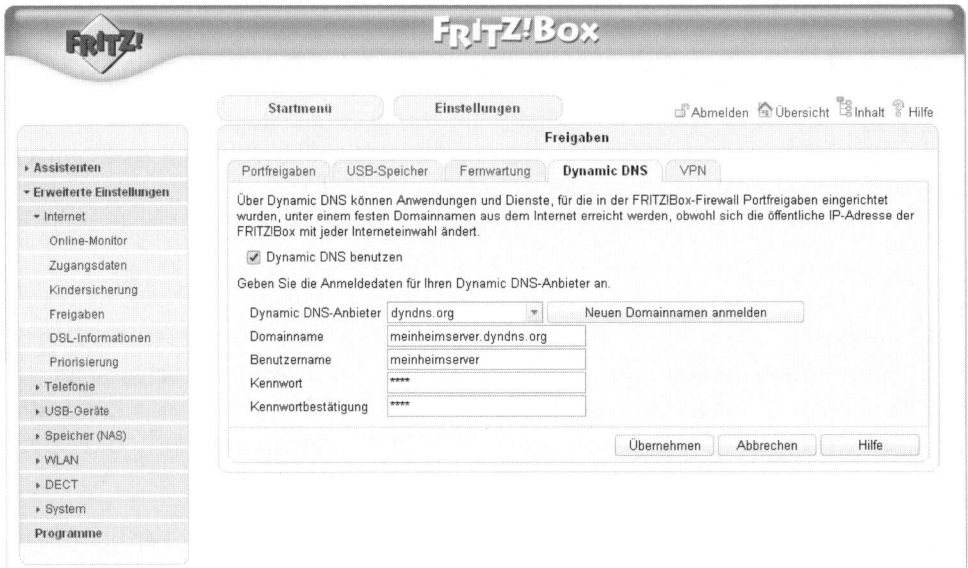

Bild 3.33 Um einen DDNS-Dienst nutzen zu können, müssen Sie sich bei ihm registrieren. Sie erhalten dann einen Benutzernamen und ein Kennwort, damit Ihr Router die Daten beim DDNS-Dienst updaten kann.

Eine FRITZ!Box aktualisiert die Daten beim DDNS-Provider, sofern Sie die Zugangsdaten Ihres DDNS-Anbieters in den Einstellungen der FRITZ!Box für dynamisches DNS eingetragen haben.

Das Menü ist über einen Klick auf den gelben Button *Einstellungen* auf der Startseite der FRITZ!Box, über je einen Klick auf *Internet* und anschließend auf *Freigaben* in der linken Navigationsleiste sowie über einen abschließenden Klick auf die Registerkarte *Dynamisches DNS* erreichbar.

Bietet Ihr Router keine Option zum automatischen Update Ihrer DDNS-Daten an, ist das kein Hindernis, da alle DDNS-Anbieter auch eine Software anbieten, die Ihre Daten updatet und am besten auf dem Rechner, auf dem Ihr SSH-Server läuft, ausgeführt wird.

Traffic auf die Reise schicken: den SSH-Tunnel nutzen

Die Konfiguration ist auf der Serverseite nun abgeschlossen, und Sie können Ihren Netzwerkverkehr von außen durch Ihren SSH-Server zu Hause auf die Reise ins Internet schicken. Alles, was dafür auf dem Rechner ausgeführt werden muss, von dem eine Verbindung zu Ihrem SSH-Server hergestellt werden soll, ist PuTTY, das bereits vorgestellt wurde.

Da sich PuTTY ohne Installation und auch mit eingeschränkten Nutzerrechten ausführen lässt, ist es nützlich, wenn Sie PuTTY auf einem USB-Stick speichern, um das Programm immer griffbereit dabeizuhaben.

PuTTY für die SSH-Tunnelnutzung konfigurieren

1. Führen Sie PuTTY auf einem entfernten Rechner in Ihrem Netzwerk aus, müssen Sie vorab in PuTTY festlegen, dass Sie die Verbindung zum Tunneln nutzen möchten. Dazu öffnen Sie PuTTY und legen als Erstes die Adresse zu Ihrem SSH-Server im »Adressbuch« von PuTTY ab.

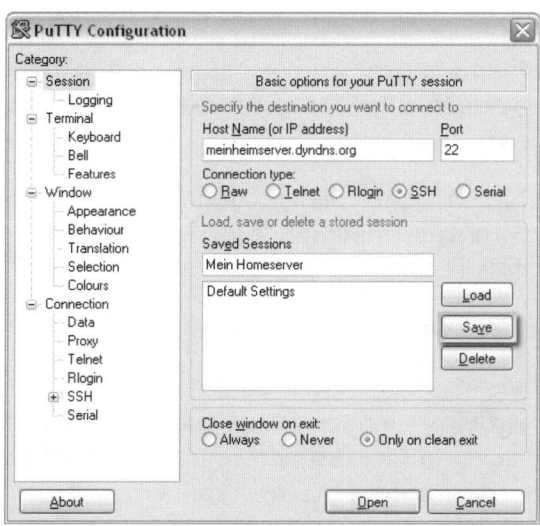

Bild 3.34 Unter *Host Name (or IP address)* geben Sie die Adresse an, über die Ihr SSH-Server erreichbar ist. Im Feld unter *Saved Sessions* tragen Sie einen Namen für die Verbindung ein. Der Eintrag lässt sich über einen Klick auf den *Save*-Button am rechten Rand sichern.

2. Im nächsten Schritt öffnen Sie in der Übersicht *Category* die Auswahlliste des Eintrags *SSH*. Im Auswahlbaum klicken Sie auf den Eintrag *Tunnels*. Tragen Sie hier unter *Add new forwarded port* für *Source port* die Portnummer *8080* ein. Bei *Destination* tragen Sie *localhost* ein.

3. Aktivieren Sie die Punkte *Dynamic* und darunter *Auto*. Dann sichern Sie den Eintrag über einen Klick auf den Button *Add*.

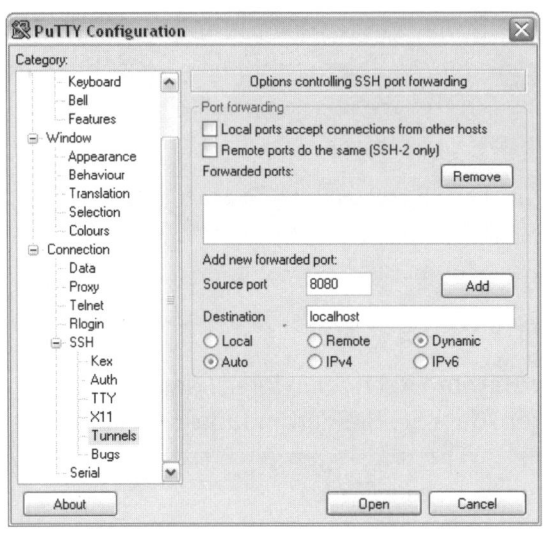

Bild 3.35 Über dieses Menü lässt sich definieren, ob nur einzelne Ports getunnelt werden sollen oder ob der gesamte Verkehr getunnelt werden darf.

4. Nach dem Klick auf *Add* erscheint unter *Forwarded ports* nun der Eintrag *D8080*. Wenn Sie diesen auswählen, können Sie über einen weiteren Klick auf die Schaltfläche *Open* eine Verbindung zum SSH-Server mitsamt geöffnetem Tunnel über Port 8080 herstellen.

5. Nachdem Sie sich eingeloggt haben, tragen Sie nun in den Anwendungen, mit denen Sie den SSH-Tunnel nutzen möchten, für den Eintrag *SOCKS-Proxy* den Host *localhost* und als Port *8080* ein.

Die Abkürzung zum SSH-Tunnel: ein Batchskript anlegen

Zugegeben, für die Nutzung auf verschiedenen Computern oder auf Computern, auf denen keine persönlichen Einstellungen gespeichert werden, ist es nicht sehr komfortabel, wenn Sie zuvor immer erst den Eintrag für den Tunnel in PuTTY anlegen müssen, um den SSH-Tunnel nutzen zu können.

Dieses Verfahren lässt sich jedoch abkürzen, indem Sie ein Batchskript erstellen, das hinterher einfach durch einen Doppelklick darauf eine Verbindung zum SSH-Server herstellt, ohne dass eine weitere Konfiguration nötig ist.

Hierzu ist es empfehlenswert, dass Sie das Batchskript im selben Verzeichnis ablegen, in dem auch PuTTY gespeichert ist. Für den einfachsten Fall legen Sie PuTTY zusammen mit dem Batchskript in einem Ordner auf Ihrem USB-Stick ab.

1. Um ein neues Batchskript zu erstellen, öffnen Sie den Windows-Editor über *Start/Alle Programme/Zubehör/Editor*. Tragen Sie folgende Zeile in den Editor ein:

```
putty -N -D 8080 -P 22 -ssh meinheimserver.dyndns.org
```

2. Ersetzen Sie dabei *meinheimserver.dyndns.org* durch Ihre eigene Adresse, unter der Ihr Server erreichbar ist.

3. Speichern Sie das Skript über *Datei/Speichern unter* und geben Sie als Dateinamen z. B. *tunnel.bat* an.

4. Welchen Namen Sie verwenden, ist letztendlich egal. Wichtig ist, dass die Datei die Dateinamenserweiterung *.bat* trägt. Wählen Sie als Dateityp *Alle Dateien* und speichern Sie das Skript im selben Ordner, in dem sich auch PuTTY befindet.

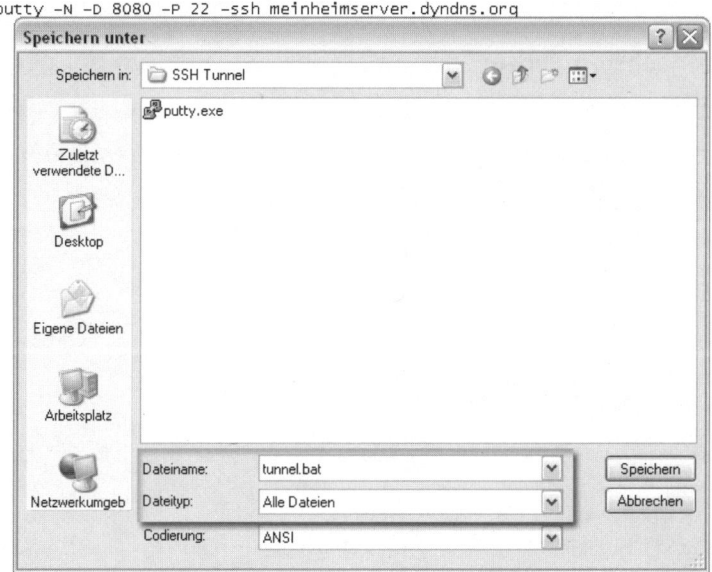

Bild 3.36 Übernehmen Sie die Angaben für *Dateiname* und *Dateityp* aus dieser Abbildung.

5. Wenn Sie das Skript jetzt öffnen, startet automatisch PuTTY, und Sie müssen nur noch Ihre Zugangsdaten eingeben. Anschließend steht Ihnen nun der SSH-Tunnel auf Port 8080 zur Verfügung.

Firefox & Co. mit dem SSH-Tunnel nutzen

Um Ihren Tunnel nun auch effektiv nutzen zu können, müssen Sie vorab die Programme konfigurieren, die Sie hierfür verwenden möchten. In diesem Beispiel wird die Konfiguration für Mozilla Firefox gezeigt. Die Prozedur ist allerdings bei jedem Programm ähnlich.

1. Starten Sie Mozilla Firefox und öffnen Sie in der Menüleiste das Menü *Extras/Einstellungen*.

Bild 3.37 Über diese Schaltfläche öffnen Sie den Einstellungsdialog von Mozilla Firefox.

2. Wählen Sie im nächsten Fenster den mit einem Zahnradsymbol gekennzeichneten Eintrag *Erweitert* aus.

3. Ein Klick auf die Registerkarte *Netzwerk* bringt die Rubrik *Verbindung* mit dem dazugehörigen Button *Einstellungen* zum Vorschein, den Sie jetzt anklicken.

Bild 3.38 Der *Einstellungen*-Dialog von Mozilla Firefox.

4. Nach dem Klick auf *Einstellungen* öffnet sich das folgende Fenster. Wichtig ist, dass Sie bei *SOCKS-Host localhost* oder *127.0.0.1* eintragen und nicht die Adresse zu Ihrem SSH-Tunnel zu Hause. Des Weiteren sollte immer *SOCKS v5* ausgewählt werden. Schließen Sie die Einstellungsfenster durch jeweils einen Klick auf *OK*.

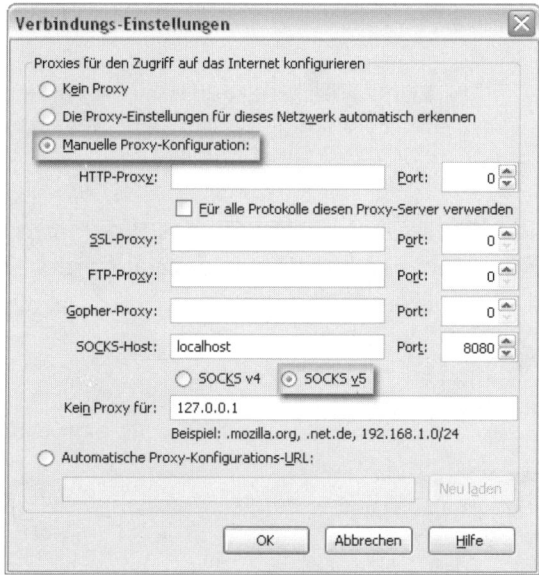

Bild 3.39 Übernehmen Sie die Einstellungen gemäß dieser Abbildung.

Jetzt können Sie beispielsweise die Seite *www.wieistmeineip.de* aufrufen, um zu sehen, ob sie über Ihren SSH-Tunnel geladen wird.

Eine Anwendung unterstützt SOCKS nicht? – SocksCap hilft!

Dass eine Anwendung die Nutzung von SOCKS und somit eines SSH-Tunnels nicht zulässt, ist keine Seltenheit. Um diesen Umstand zu umgehen, ist der Einsatz des Programms »SocksCap« notwendig.

⊡ LESEZEICHEN

http://www.planet-surfeu.de/programme/sc32r240.exe

SocksCap: Hier laden Sie SocksCap 2.40 herunter. Das nach der Installation angelegte Programmverzeichnis lässt sich auch ohne Probleme auf einen USB-Stick kopieren und dadurch ohne erneute Installation auf einem anderen Rechner ausführen.

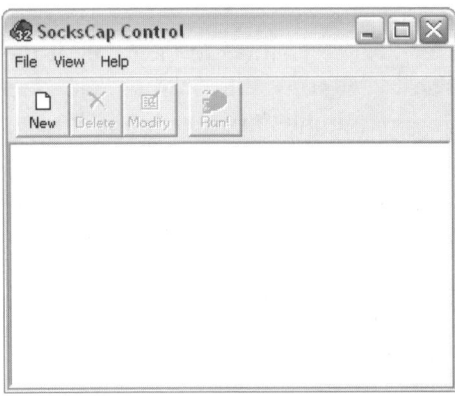

Bild 3.40 Das kleine, schlichte SocksCap-Fenster lässt auf den ersten Blick nicht erahnen, welches Potenzial sich dahinter verbirgt.

1. Nach dem erstmaligen Start von SocksCap begrüßt Sie das Programm mit einem Splashscreen, gefolgt von einem Fenster, das Sie dazu auffordert, das Programm entsprechend zu konfigurieren.

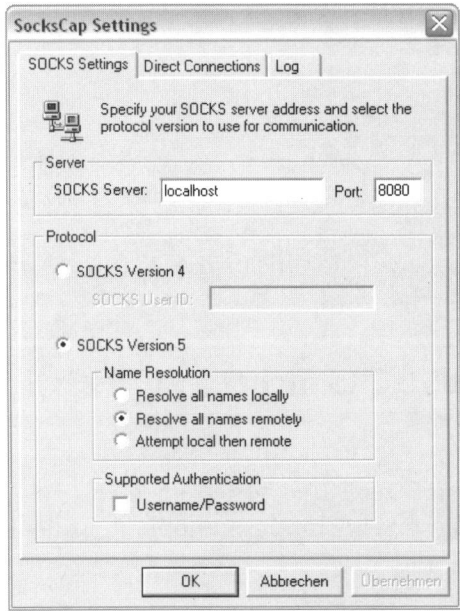

Bild 3.41 Übernehmen Sie alle Einstellungen gemäß der Abbildung.

2. Die Einstellungen auf der Registerkarte *SOCKS Settings* erlauben es, neben der *SOCKS Server*-Adresse, dem dazugehörigen Port und der verwendeten *SOCKS Version* auch auszuwählen, wie die Namen zu IP-Adressen aufgelöst werden sollen. Beispiel: *www.ich-bin-ein-domainname.de* in *12.34.567.89*.

Es empfiehlt sich, Namen immer durch den SSH-Tunnel auflösen zu lassen, indem Sie *Resolve all names remotely* auswählen.

Sollte das Probleme, z. B. Verbindungsabbrüche während der Nutzung des SSH-Tunnels, verursachen, muss *Resolve all names locally* gewählt werden.

Bestätigen Sie die Einstellungen auf dieser Registerkarte mit *OK*.

3. Möchten Sie im späteren Verlauf die Einstellungen ändern, tun Sie das, indem Sie im *SocksCap Control*-Fenster *File* und anschließend *Settings* auswählen.

Ein neues Programm der Auswahl hinzufügen

Um nun auch den Internetverkehrs eines Programms mittels SocksCap tunneln zu können, müssen Sie es zunächst in SocksCap verknüpfen.

1. Klicken Sie hierzu im Fenster *SocksCap Control* auf die Schaltfläche *New*.

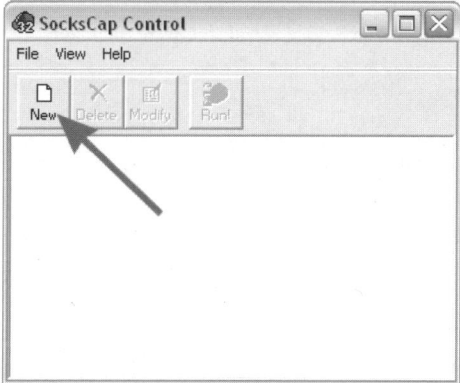

Bild 3.42 Ein Klick auf *New*.

2. Zum Hinzufügen eines Programms klicken Sie auf *Browse*, um Ihre Festplatte nach dem Programm zu durchsuchen.

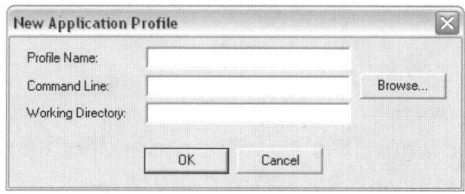

Bild 3.43 Es erscheint das Fenster *New Application Profile*, worin Sie SocksCap ein neues Programm hinzufügen können.

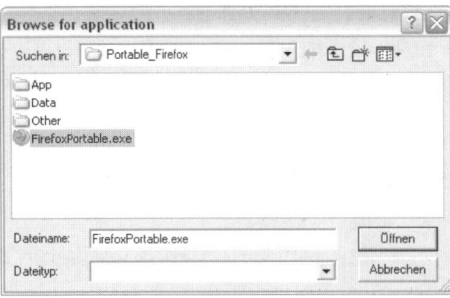

Bild 3.44 In SocksCap lässt sich jede ausführbare Datei nutzen.

3. Nach Auswahl des gewünschten Programms bzw. der gewünschten Datei gelangen Sie durch einen Klick auf *Öffnen* wieder zurück zum *New Application Profile*-Fenster.

Bild 3.45 So sieht eine Verknüpfung zu Firefox Portable aus, die auf dem USB-Stick gespeichert ist.

4. Wenn Sie mit dem Namen der Verknüpfung einverstanden sind, der neben dem Feld *Profile Name* festgelegt wird, und keine Änderungen zu der Verknüpfung mehr vornehmen möchten, schließen Sie das Fenster mit *OK*.

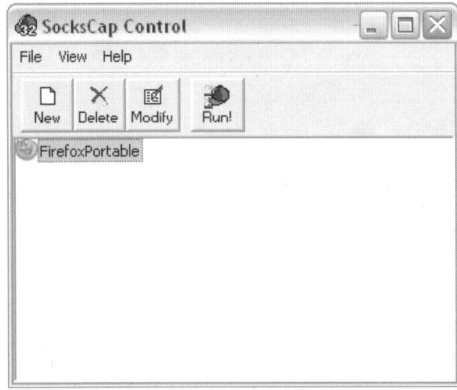

Bild 3.46 So sieht eine in SocksCap angelegte Programmverknüpfung aus.

5. Das nun in SocksCap angelegte Programm lässt sich entweder durch einen Doppelklick auf den Programmnamen aus *SocksCap Control* heraus oder aber durch einen Klick auf die Schaltfläche *Run!* starten.

Wenn jetzt das gewünschte Programm eine Verbindung ins Internet aufbaut, erfolgt das über Ihren SSH-Tunnel.

Möchten Sie einen Browser tunneln, so wie in diesem Beispiel Firefox, können Sie auch das überprüfen, indem Sie eine Webseite aufrufen, die Ihre aktuelle externe IP-Adresse preisgibt.

3.4 Fernzugriff auf das Heimnetzwerk dank VPN

Ein Virtual Private Network, kurz VPN, ermöglicht es Ihnen, von unterwegs über das Internet auf Ihr heimisches Netzwerk zuzugreifen. Wie schon beim SSH-Tunnel werden Ihre Daten über einen verschlüsselten Tunnel übertragen, sodass sichergestellt ist, dass Ihre Daten weder mitgelesen noch manipuliert werden können.

Neben dem ungefilterten Zugriff auf das Internet ermöglicht es ein VPN, dass Sie auf Ihre Daten, die auf dem heimischen Computer lagern, zugreifen können. Der Vorteil eines VPN ist, dass es einfach als eine zusätzliche Netzwerkverbindung erscheint und Sie es nur einmalig einrichten müssen, um all Ihre Datenverbindungen darüber tunneln zu können.

Beim Einrichten einer VPN-Verbindung wird grundsätzlich zwischen dem Benutzerfernzugang und der Kopplung entfernter Netzwerke unterschieden. Beim Benutzerfernzugang verbindet sich ein Benutzer über das Internet via VPN mit seinem Heimnetzwerk. Die Verbindung wird hierbei vom Benutzer aufgebaut.

Dem Benutzer wird eine IP-Adresse aus dem Heimnetzwerk zugewiesen, um einen Datenaustausch zu ermöglichen. Beim Koppeln zweier Netze über das Internet ist es dagegen so, dass zwei Netzwerke zu einem gekoppelt werden. Dieses Vorgehen wird hauptsächlich im Unternehmensbereich eingesetzt, wenn z. B. eine Zweigfiliale dem Unternehmensnetzwerk angeschlossen werden soll.

Der Verbindungsaufbau kann hierbei von beiden Seiten erfolgen, sodass auf den Client-PCs keine VPN-Software installiert sein muss. Diese Aufgabe wird entweder von einem VPN-tauglichen Router übernommen oder durch einen VPN-Switch durchgeführt. Viele aktuelle Router für private Netzwerke oder kleine Unternehmen haben diese VPN-Technik bereits integriert und ermöglichen es so, auf einfachste Art und Weise zwei Netzwerke über das Internet zu einem zusammenzuschließen.

Es steht jedoch für den privaten Bereich weniger das Koppeln zweier Netzwerke im Vordergrund, als vielmehr einen Rechner dem entfernten Heimnetz hinzuzufügen, um beispielsweise auf Netzressourcen aus dem Heimnetz zuzugreifen oder einfach nur den Internetverkehr über den heimischen Internetzugang aufzurufen.

Hierfür müssen der VPN-Server (z. B. auf dem Rechner, auf dem auch Ihr SSH-Server läuft) sowie im Anschluss der VPN-Client (auf dem Rechner, von dem aus Sie auf Ihr Netzwerk zugreifen möchten) eingerichtet werden. Beides lässt sich wunderbar mit Windows-eigenen Bordmitteln umsetzen.

VPN-Server unter Windows XP einrichten

Unter Windows XP lässt sich mit folgenden Schritten ein VPN-Server einrichten:

1. Öffnen Sie die *Systemsteuerung* und wählen Sie, sofern Sie die Kategorieansicht aktiviert haben, *Netzwerk- und Internetverbindungen* und anschließend *Netzwerkverbindungen* aus. Haben Sie die klassische Ansicht aktiviert, wählen Sie direkt *Netzwerkverbindungen* aus.

2. Klicken Sie am linken Bildschirmrand im Bereich *Netzwerkaufgaben* auf *Neue Verbindung erstellen*.

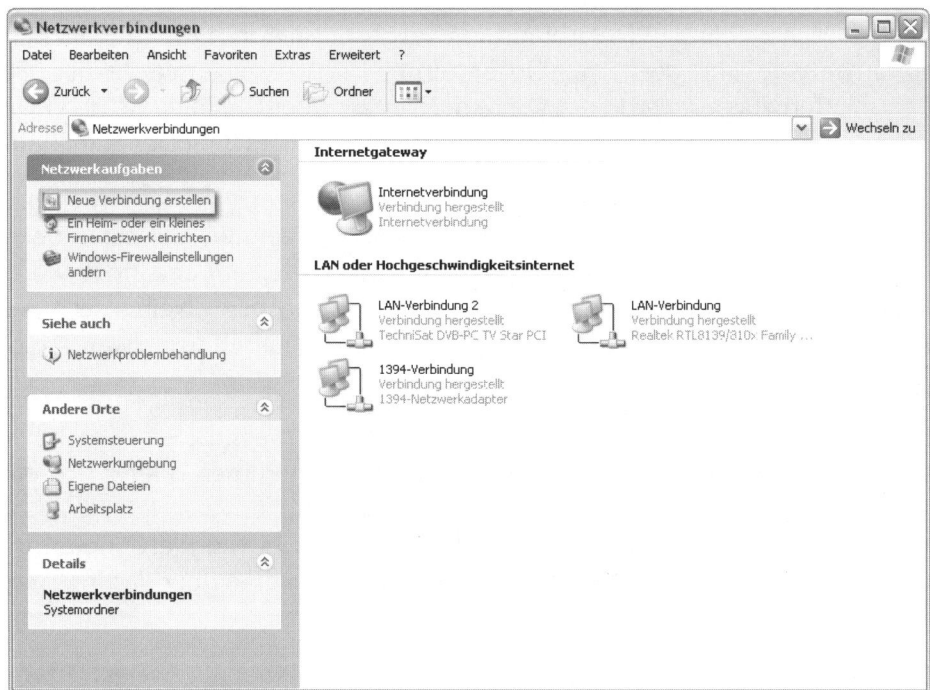

Bild 3.47 Erstellen Sie eine neue Verbindung.

3. Klicken Sie im Assistenten so lange auf *Weiter*, bis folgendes Auswahlmenü erscheint, in dem Sie den Punkt *Eine erweiterte Verbindung einrichten* auswählen und mit Klick auf *Weiter* bestätigen.

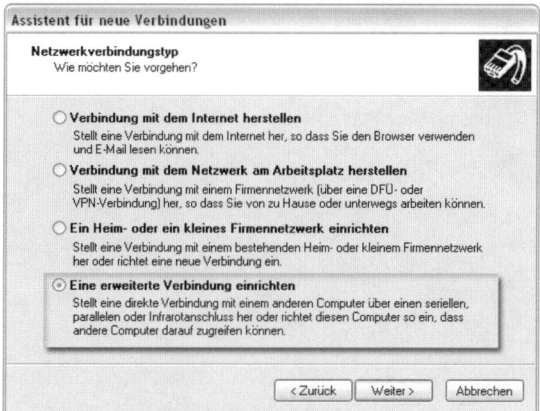

Bild 3.48 Auch wenn die eine oder andere Option auf den ersten Blick plausibler erscheint, so ist doch der vierte Punkt der einzig richtige.

4. Im nächsten Schritt lassen Sie den vorausgewählten Punkt stehen und klicken erneut auf *Weiter*.

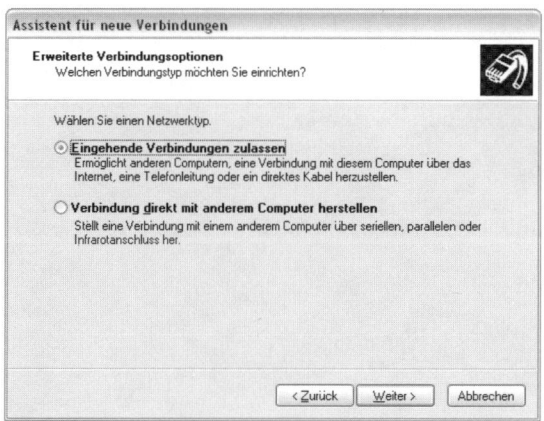

Bild 3.49 Standardmäßig ist der Eintrag *Eingehende Verbindungen zulassen* ausgewählt; lassen Sie diese Auswahl unverändert.

5. Jetzt bietet der Assistent an, ein Gerät auszuwählen. Ignorieren Sie die Auswahl der Geräte und klicken Sie direkt auf den *Weiter*-Button.

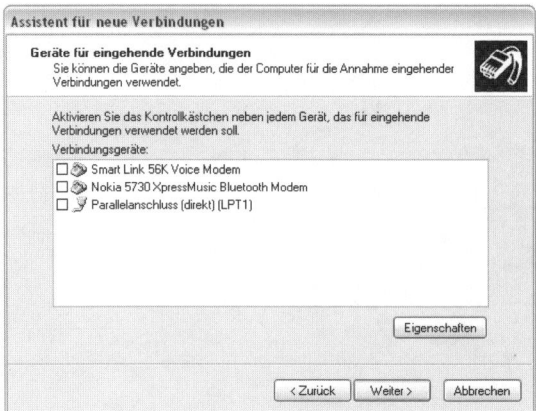

Bild 3.50 Da eingehende VPN-Verbindungen über eine bereits bestehende Internetverbindung zustande kommen, muss die Auswahl an Verbindungsgeräten im Assistenten für neue Verbindungen ignoriert werden.

6. Teilen Sie dem Assistenten jetzt mit, dass eingehende VPN-Verbindungen zugelassen werden können.

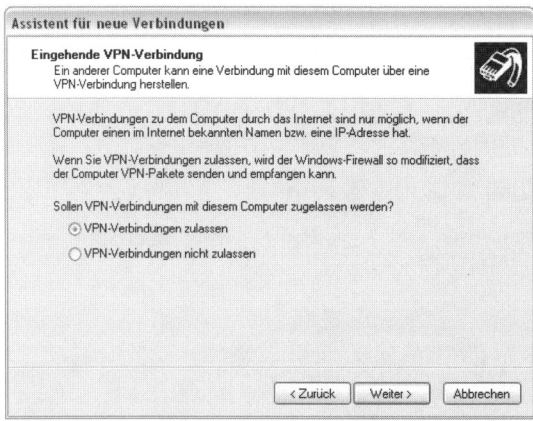

Bild 3.51 Aktivieren Sie die Option *VPN-Verbindungen zulassen*.

7. Damit dem von außen die VPN-Verbindung herstellenden User der Zugang zum lokalen Netz gewährt wird, muss er dem lokalen System als Benutzer bekannt sein. Aus diesem Grund legen Sie diesen VPN-Benutzer jetzt an. Klicken Sie im Assistenten auf die Schaltfläche *Hinzufügen*.

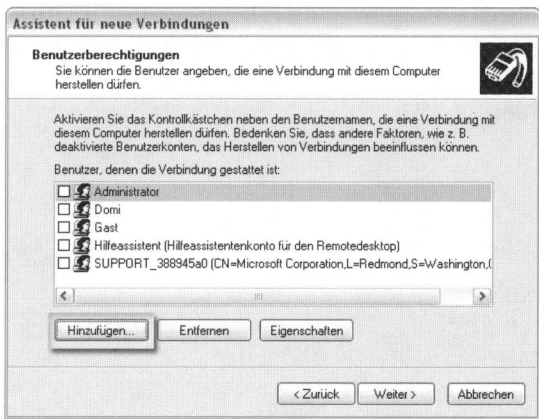

Bild 3.52 Die Schaltfläche *Hinzufügen*.

Legen Sie nun einen neuen Benutzer an und achten Sie unbedingt darauf, dass Sie für den neuen Benutzer ein sicheres Passwort wählen.

Bild 3.53 Abgesehen vom vollständigen Namen und dem Passwort können Sie die Angaben dieser Abbildung für den neuen Benutzer übernehmen.

8. Haben Sie alle Felder ausgefüllt, bestätigen Sie mit *OK*, woraufhin der neu angelegte Benutzer in der Liste der Benutzernamen erscheint – erkennbar an einem markierten Haken, hier *VPN (Max Mustermann)*.

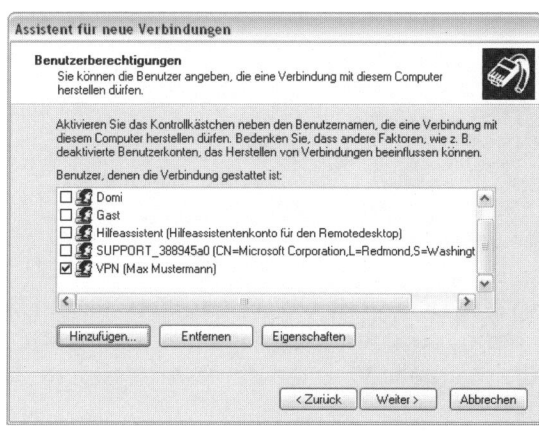

Bild 3.54 Ist der Benutzername für den VPN-Zugang ausgewählt, fahren Sie mit dem nächsten Schritt fort.

9. In diesem Schritt legen Sie die Einstellungen für das Netzwerk fest. Es müssen das TCP/IP-Protokoll wie auch der Client für Microsoft-Netzwerke und (falls gewünscht) die Datei- und Druckerfreigabe für Microsoft-Netzwerke aktiviert werden.

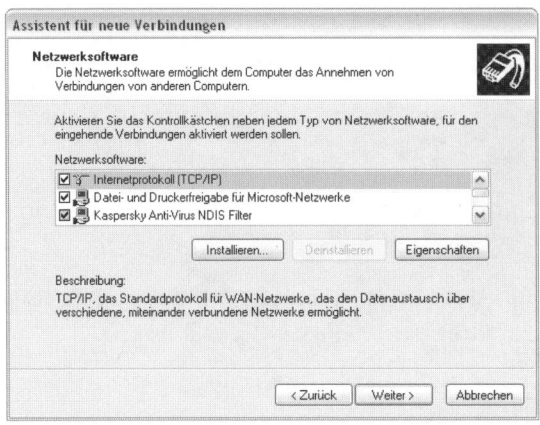

Bild 3.55 Protokollauswahl im Assistenten für neue Verbindungen.

Eventuell muss bei Bedarf der Eintrag *Internetprotokoll (TCP/IP)* angepasst werden. Klicken Sie hierzu auf *Eigenschaften*.

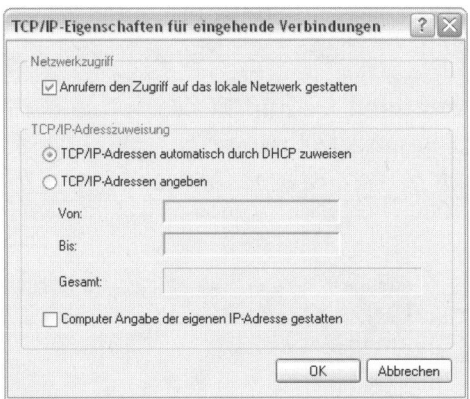

Bild 3.56 Der Netzwerkzugriff ist in den *TCP/IP-Eigenschaften für eingehende Verbindungen* standardmäßig aktiviert.

10. Ob Sie die IP-Adresse des Gastrechners über DHCP vergeben lassen oder sie manuell selbst festlegen, hängt von den Vorgaben des lokalen Netzes ab. In den meisten Fällen ist die manuelle Vergabe der IP-Adressen die bessere Wahl.

11. Das Wichtigste an dem VPN-Netzwerk ist, dass sich beide Rechner (der VPN-Server sowie der Gastrechner) im gleichen Subnetz befinden, z. B. in *192.168.X.Y.*

    Auf beiden Rechnern muss die IP-Adresse bis auf das *Y* identisch sein.

    Wenn Ihr Rechner beispielsweise die IP-Adresse *192.168.178.20* hat, können Sie den IP-Adressbereich von *192.168.178.100* bis *192.168.178.150* freigeben.

    Sehen Sie nach dem Fertigstellen des VPN beide Rechner nicht, deutet das auf eine Fehlerquelle hin.

12. Haben Sie alle Einstellungen vorgenommen, beenden Sie den Dialog mit *OK* bzw. *Weiter* und einem anschließenden Klick auf *Fertigstellen*.

    Jetzt ist die Konfiguration der VPN-Verbindung auf der Serverseite abgeschlossen.

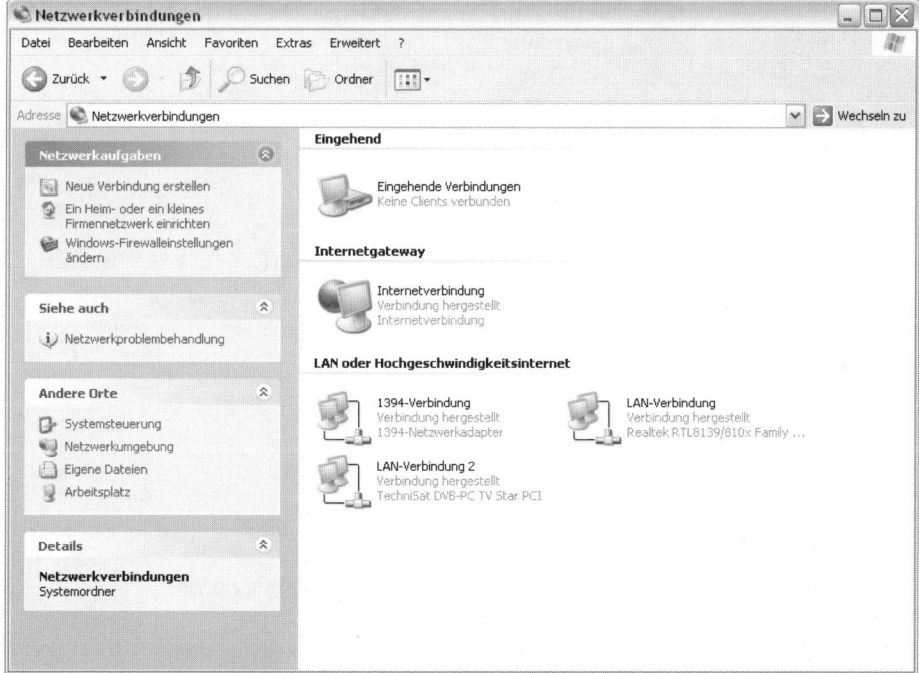

Bild 3.57 Nach dem Einrichten der VPN-Verbindung wird ein neues Symbol in den *Netzwerkverbindungen* angelegt, das anzeigen soll, dass eingehende Verbindungen aktiviert sind. Stellt ein entfernter Rechner eine VPN-Verbindung zu Ihrem Rechner her, wird hier der Benutzername angezeigt.

VPN-Server unter Windows 7 und Vista einrichten

Unter Windows 7 und auch Windows Vista funktioniert das Einrichten eines VPN-Servers ähnlich wie unter Windows XP, allerdings liegt der Dialog zum Einrichten des VPN versteckter und unterscheidet sich in einigen Optionen von dem Assistenten aus Windows XP.

1. Um unter Windows 7 Einstellungen vornehmen zu können, müssen Sie zu Beginn die folgenden Schritte ausführen. Öffnen Sie das *Arbeitsplatz*-Fenster von Windows durch Klick auf *Start/Computer*.

   Hier klicken Sie auf *Organisieren/Layout*, setzen einen Haken bei *Menüleiste* und schließen das Fenster wieder.

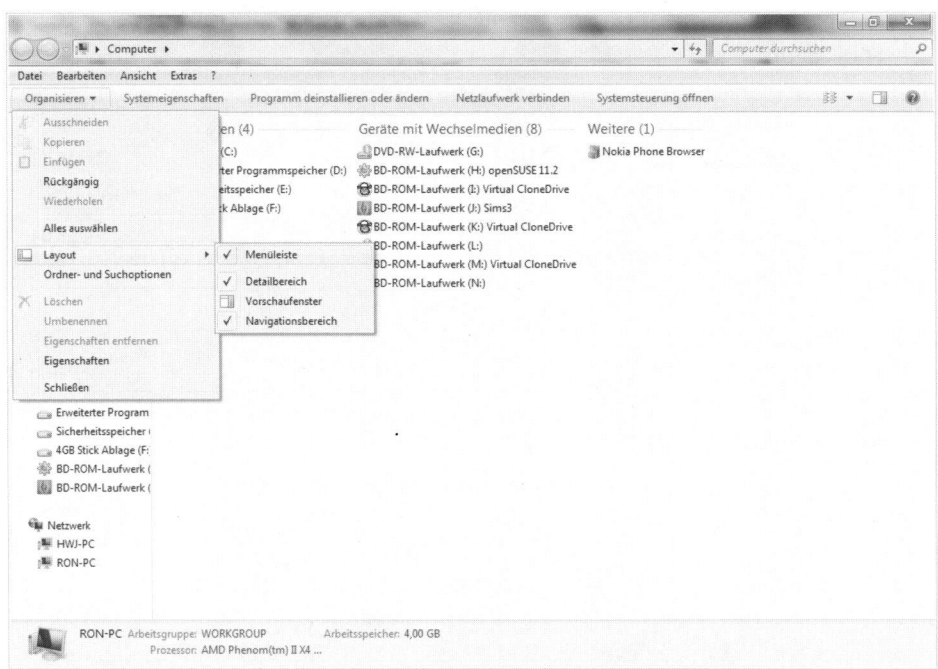

Bild 3.58 Ohne die *Menüleiste* lässt sich eine neue VPN-Verbindung schlecht einrichten.

2. Öffnen Sie nun die *Systemsteuerung* und klicken Sie auf die Kategorie *Netzwerk und Internet*. Im Anschluss daran wählen Sie die Kategorie *Netzwerk- und Freigabecenter* aus.

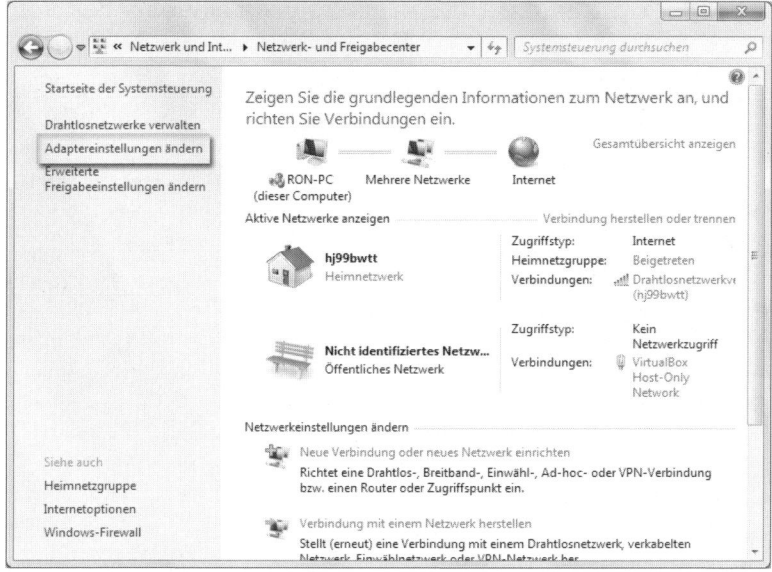

Bild 3.59 Das *Netzwerk- und Freigabecenter* von Windows 7.

3. Wählen Sie am linken Rand den Eintrag *Adaptereinstellungen ändern* aus. Durch einen Klick auf *Datei* in der Menüleiste sowie auf *Neue eingehende Verbindung* im Auswahlmenü öffnen Sie den Assistenten zum Einrichten neuer Verbindungen.

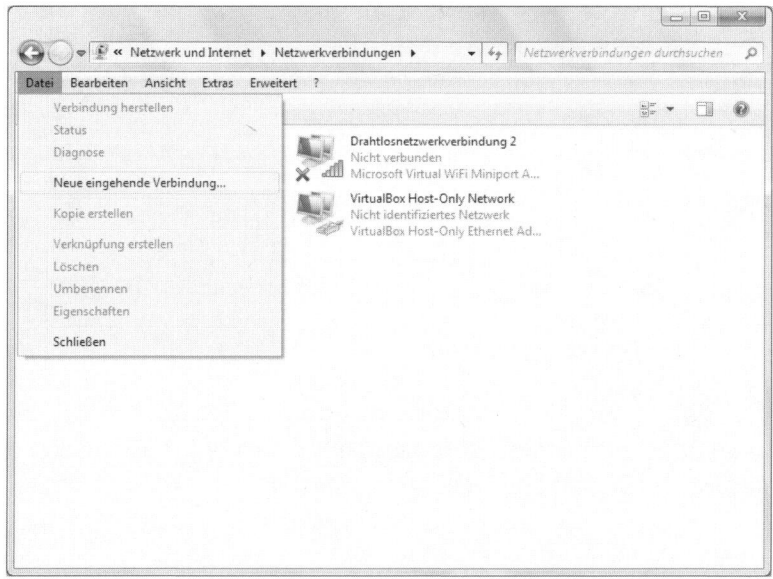

Bild 3.60 Sie sind nur noch einen Klick vom Assistenten zum Einrichten einer neuen eingehenden Verbindung entfernt.

4. Es erscheint der Assistent zum Einrichten einer neuen eingehenden Verbindung.

Bild 3.61 Wie auch beim Assistenten von Windows XP muss zuerst ein neuer Benutzer angelegt werden, der sich später per VPN einloggen darf.

Klicken Sie auf den Button *Benutzer hinzufügen* und füllen Sie die Felder mit den entsprechenden Daten.

Bild 3.62 Achten Sie auf die Wahl eines sicheren Kennworts.

5. Nachdem Sie die Angaben vervollständigt und das Fenster zum Anlegen eines neuen Benutzers mit *OK* geschlossen haben, erscheint der frisch angelegte Benutzer in der Benutzerübersicht.

6. Mit einem Klick auf *Weiter* setzen Sie die Einrichtung fort. Die Frage danach, wie die Benutzer eine Verbindung herstellen, beantworten Sie, indem Sie ein Häkchen neben den Eintrag *Über das Internet* setzen.

Bild 3.63 Aktivieren Sie Option *Über das Internet*.

7. Im nächsten Schritt des Assistenten lassen Sie alle Häkchen neben den Einträgen bestehen. Den Eintrag *Internetprotokoll Version 6 (TCP/IPv6)* können Sie deaktivieren, da das IPv6-Protokoll im Internet noch keine Rolle spielt.

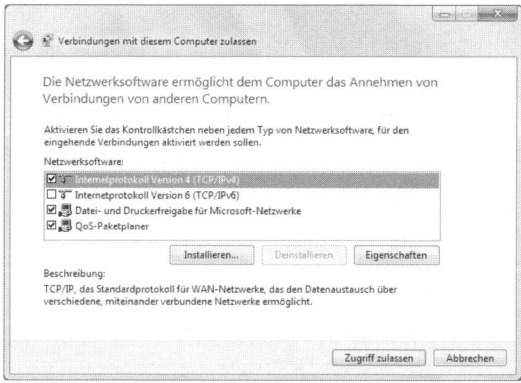

Bild 3.64 Setzen Sie die Optionen im Bereich *Netzwerksoftware* wie in dieser Abbildung.

Wählen Sie den Eintrag *Internetprotokoll Version 4 (TCP/IPv4)* aus und klicken Sie auf die Schaltfläche *Eigenschaften*.

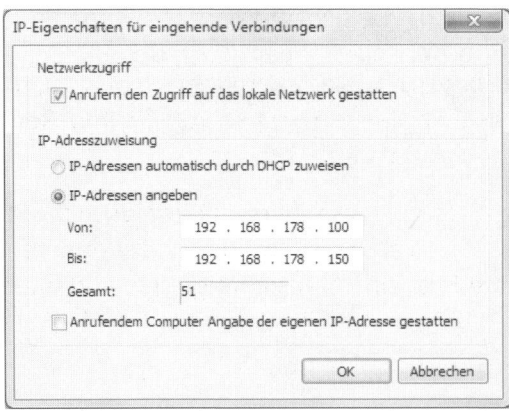

Bild 3.65 Befindet sich Ihr Rechner im IP-Netz *192.168.178.x*, können Sie die Werte dieser Abbildung übernehmen.

8. Bei der Vergabe der IP-Adressen für ein VPN ist es wichtig, dass sich beide Rechner (der VPN-Server sowie der Gastrechner) im gleichen Subnetz befinden.

Das heißt, wenn Ihr Rechner die IP-Adresse *192.168.178.20* hat, können Sie beispielsweise den IP-Adressbereich von *192.168.178.100* bis *192.168.178.150* freigeben.

Sehen sich nach dem Fertigstellen des VPN beide Rechner nicht, deutet das auf eine Fehlerquelle hin.

9. Beenden Sie jetzt den Assistenten, indem Sie auf die Schaltfläche *Zugriff zulassen* klicken. Nach dem kurzen Moment, in dem das System die vorgenommenen Einstellungen übernimmt und der Assistent sich daraufhin schließt, wird ein neuer Eintrag in der Übersicht der *Netzwerkverbindungen* sichtbar.

Damit ist die Konfiguration der VPN-Verbindung auf der Serverseite abgeschlossen.

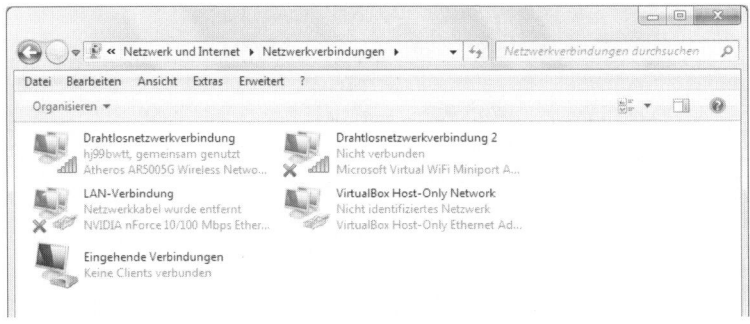

Bild 3.66 Der Eintrag *Eingehende Verbindungen* zeigt an, dass Ihr Rechner nun VPN-Verbindungen entgegennimmt.

Firewall für den VPN-Server konfigurieren

Damit Ihr VPN-Server auch von außerhalb über das Internet erreichbar ist, muss die Firewall entsprechend konfiguriert werden. Das gilt sowohl für Ihre Router-Firewall als auch für die Software-Firewall auf dem Rechner.

Setzen Sie auf dem Rechner, der als VPN-Server fungieren soll, lediglich die Standard-Windows-Firewall ein, müssen Sie hier nichts weiter verändern, da der Assistent für neue Verbindungen Ihre Firewall bereits konfiguriert und die entsprechenden Ports automatisch freigegeben hat. Sie müssen lediglich die Router-Firewall konfigurieren.

Setzen Sie auf eine andere Software-Firewall als die Windows-eigene, müssen Sie gegebenenfalls eine neue Ausnahme hinzufügen: Geben Sie hierfür den TCP-Port 1723 frei.

Nun muss nur noch Ihr Router entsprechend konfiguriert werden.

Legen Sie über die Weboberfläche Ihres Routers zwei neue Freigaben an. Geben Sie den Port *1723 TCP* frei sowie zusätzlich das Protokoll GRE ohne Portangabe.

Leiten Sie beide Ports auf die IP-Adresse des Rechners, der die VPN-Verbindungen entgegennimmt.

Bild 3.67 So sieht eine neue Freigabe für den TCP-Port *1723* am Beispiel einer FRITZ!Box aus.

Einige Router haben jedoch ein Problem mit PPTP, also dem Protokoll, das das Tunneling des Point-to-Point-Protokolls durch ein IP-Netzwerk ermöglicht, wobei die einzelnen PPP-Pakete wiederum in GRE-Pakete verpackt werden.

PPTP verwendet GRE (Generic Routing Encapsulation) als Transportprotokoll, das nicht alle Router an einen VPN-Server weiterleiten kann.

Viele Hersteller werben mit der VPN-Fähigkeit ihrer Router, aber gemeint ist letztlich, dass sich der Router mit einem VPN-Server verbinden kann, nicht aber vor einem VPN-Server funktioniert.

Bild 3.68 Damit das VPN funktioniert, darf die Freigabe des GRE-Protokolls in der Router-Firewall nicht vergessen werden.

Entweder muss hier das GRE-Protokoll für den Serverrechner weitergeleitet oder die Firewall für den Serverrechner komplett abgeschaltet werden.

Das letztgenannte Verfahren nennt sich Exposed Host (z. B. bei AVMs FRITZ!Boxen) oder wird als DMZ (demilitarisierte Zone) bezeichnet.

Aber Achtung! Diese Lösung macht den Rechner über das Internet angreifbar und sollte nur eine Notlösung darstellen.

Verwenden Sie daher, sofern Ihr Router die Möglichkeit dazu bietet, immer die Freigabe des GRE-Protokolls. Auf den späteren VPN-Clients muss keine Veränderung an der Firewall vorgenommen werden.

VPN-Client unter Windows XP einrichten

Wie auch beim Einrichten des VPN-Servers erfolgt das Einrichten des VPN-Clients unter XP über die *Systemsteuerung*.

1. Rufen Sie diese deshalb zuerst auf. Wählen Sie im Anschluss *Netzwerk- und Internetverbindungen* und dann *Netzwerkverbindungen* aus, sofern Sie die Kategorieansicht aktiviert haben.

2. In der klassischen Ansicht lassen sich die *Netzwerkverbindungen* direkt auswählen. Klicken Sie auf *Neue Verbindung erstellen*. Es öffnet sich der Assistent für neue Verbindungen.

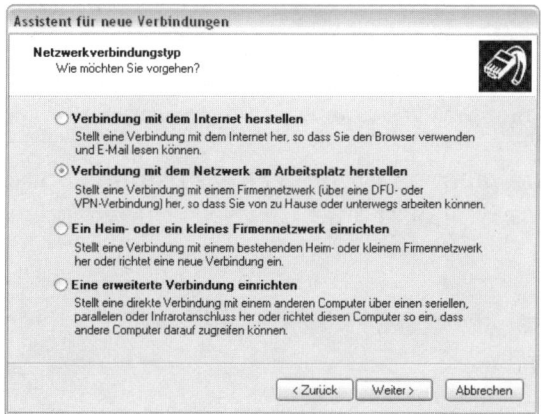

Bild 3.69 Wählen Sie die Option *Verbindung mit dem Netzwerk am Arbeitsplatz herstellen* und klicken Sie auf die Schaltfläche *Weiter*.

3. Nach der Auswahl des ersten Schritts fragt der Assistent, welche Art von Verbindung eingerichtet werden soll. Wählen Sie den Punkt *VPN-Verbindung* aus. Nach dem Klick auf *Weiter* verlangt der Assistent die Eingabe eines Firmennamens. Hier können Sie einen beliebigen Namen angeben, z. B. *VPN*. Klicken Sie dann wieder auf *Weiter*.

4. Der Assistent möchte nun wissen, unter welcher Adresse der VPN-Server erreichbar ist. Geben Sie den DynDNS-Namen Ihres Servers ein.

5. Im abschließenden Schritt können Sie, sofern Sie möchten, eine Verknüpfung auf Ihrem Desktop anlegen, um die Verbindung ohne Umwege aufbauen zu können.

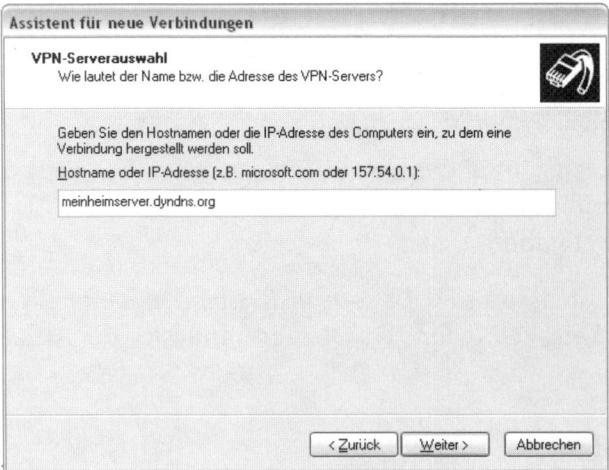

Bild 3.70 Alternativ zur DynDNS-Adresse können Sie auch Ihre aktuelle öffentliche IP-Adresse eingeben. Bitte bedenken Sie jedoch, dass sich diese an normalen DSL-Anschlüssen alle 24 Stunden ändert.

6. Mit dem Fertigstellen der Konfiguration ist Ihre VPN-Verbindung vollständig eingerichtet, und ein neues Symbol ist unter den *Netzwerkverbindungen* sichtbar.

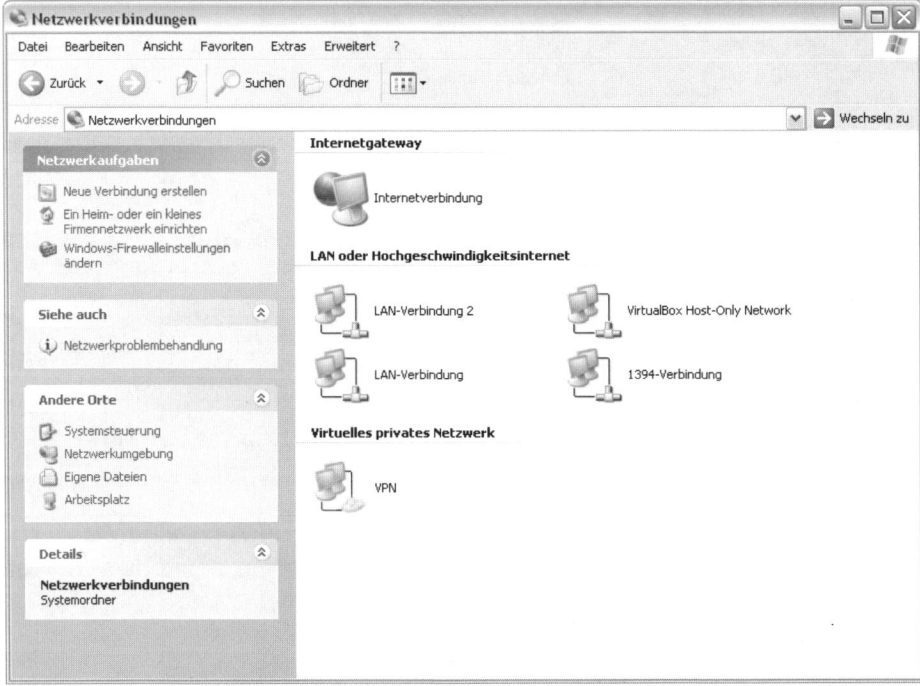

Bild 3.71 In den *Netzwerkverbindungen* gibt es nun ein neues Symbol, das den Namen trägt, den Sie im Assistenten für neue Verbindungen definiert haben.

7. Ein Doppelklick auf das neue Symbol offenbart das Anmeldefenster, in dem Sie die Daten des auf dem VPN-Server festgelegten Benutzeraccounts eintragen.

Bild 3.72 Nach der Eingabe der Benutzerdaten und dem Klick auf *Verbinden* wird die Verbindung zum VPN-Server hergestellt.

8. Ist der Client verbunden, ist die Verbindung auch am Server ersichtlich. Dort erscheint unter den *Netzwerkverbindungen* ebenfalls ein neues *VPN*-Symbol:

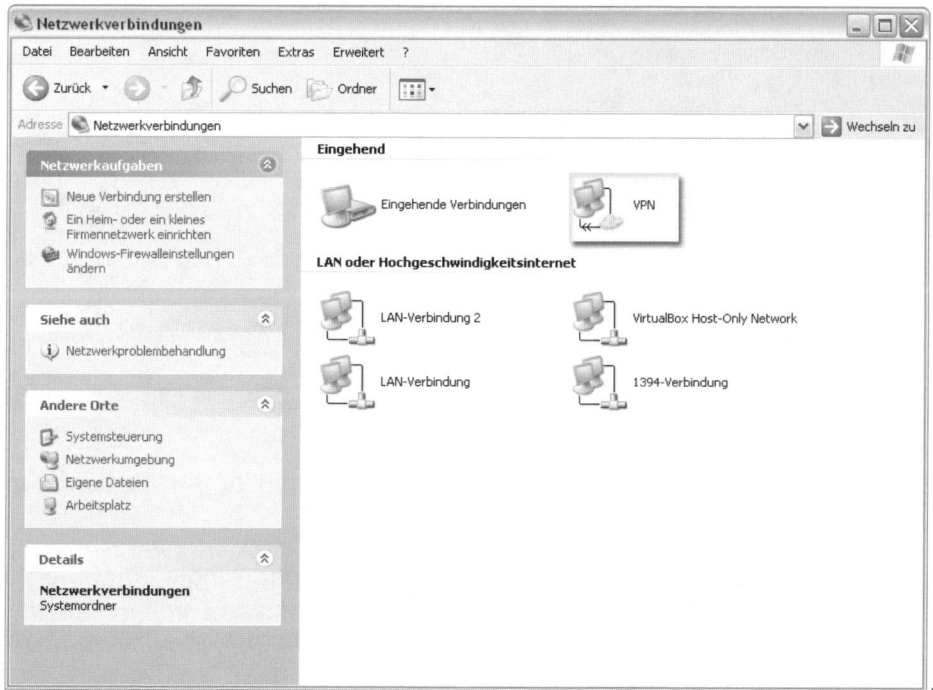

Bild 3.73 Neben dem Symbol für eingehende Verbindungen wird nun ein neues Symbol sichtbar, das den Namen des Benutzers trägt, der aktuell über VPN verbunden ist.

VPN-Client unter Windows 7 und Vista einrichten

Um unter Windows 7 oder Vista eine VPN-Verbindung einrichten zu können, müssen Sie folgende Schritte ausführen:

1. Öffnen Sie die *Systemsteuerung* und klicken Sie auf die Kategorie *Netzwerk und Internet*. Im Anschluss daran wählen Sie das *Netzwerk- und Freigabecenter* aus.

2. Entscheiden Sie sich jetzt für *Neue Verbindung oder Netzwerk einrichten*. Unter Windows Vista befindet sich diese Option am linken Rand des *Netzwerk- und Freigabecenters*, unter Windows 7 wird diese Option in der Rubrik *Aktive Netzwerke* angezeigt.

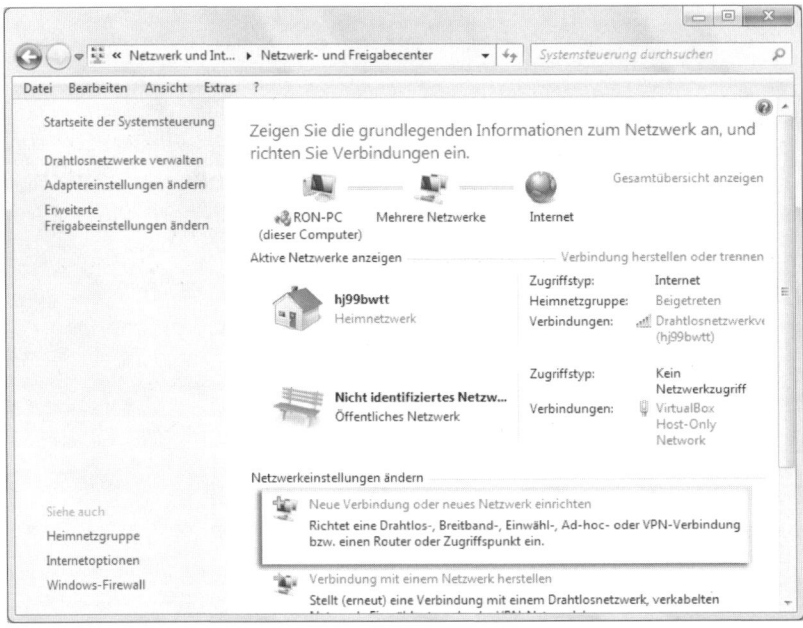

Bild 3.74 Anders als in Windows Vista zeigt Windows 7 die Option zum Einrichten neuer Verbindungen und Netzwerke im Hauptfenster des *Netzwerk- und Freigabecenters*.

3. Im neuen Fenster wählen Sie nun die Verbindungsoption *Verbindung mit dem Arbeitsplatz herstellen* aus.

4. Ist auf Ihrem System bereits eine VPN-Verbindung eingerichtet, fragt der Assistent, ob diese Verbindung verwendet werden soll. Wählen Sie in diesem Fall jedoch die Option *Nein, eine neue Verbindung erstellen* und fahren Sie mit dem Assistenten fort.

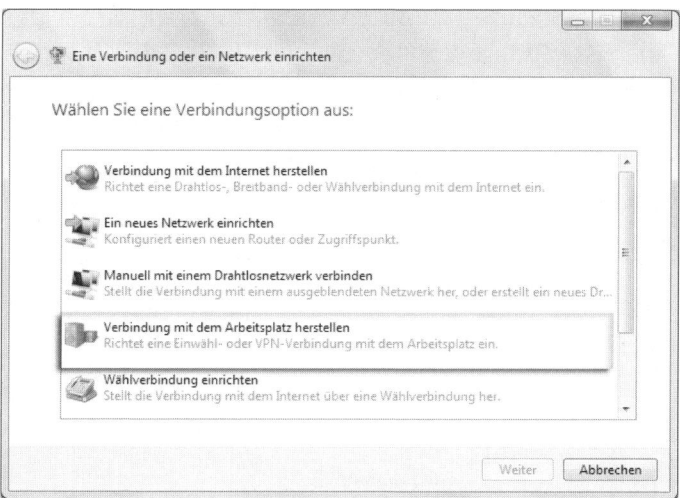

Bild 3.75 Die Verbindungsoptionen sind unter Windows 7 und Vista identisch.

5. Im darauffolgenden Fenster wählen Sie *Die Internetverbindung (VPN) verwenden* aus.

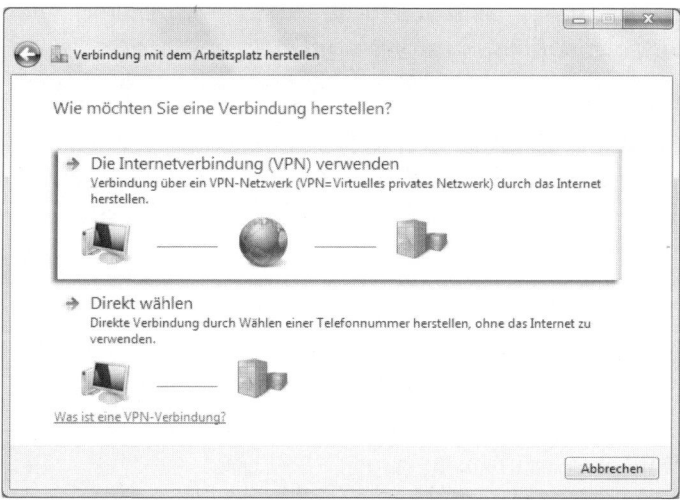

Bild 3.76 Da der VPN-Server über das Internet erreicht werden soll, wählen Sie die erste Option.

6. Wenn Sie gefragt werden, ob Sie zuerst eine Internetverbindung einrichten möchten, wählen Sie die Option *Eine Internetverbindung wird später eingerichtet* und klicken dann auf *Weiter*.

7. Sie werden jetzt dazu aufgefordert, die Adresse einzugeben, unter der Ihr VPN-Server erreichbar ist. Zudem können Sie der VPN-Verbindung einen Namen geben oder den Beispielnamen unverändert übernehmen.

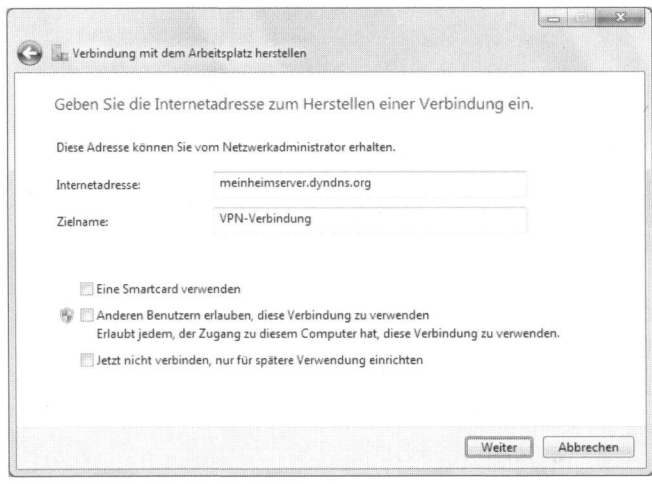

Bild 3.77 Geben Sie als Internetadresse den DynDNS-Namen Ihres Servers ein.

8. Sofern Sie die Verbindung für mehrere lokale Benutzer freigeben möchten, tun Sie das, indem Sie an der entsprechenden Stelle im Dialog *Anderen Benutzern erlauben, diese Verbindung zu verwenden* einen Haken setzen. Fahren Sie mit dem Assistenten durch einen Klick auf den *Weiter*-Button fort.

9. Geben Sie nun die Zugangsdaten des Benutzers ein, für den Sie auf dem VPN-Server die Nutzung des VPN freigegeben haben. Haben Sie diesen Schritt abgeschlossen, überprüft der Assistent automatisch die Verbindung und zeigt eventuelle Probleme an.

Bild 3.78 In einem abschließenden Schritt überprüft der Assistent die Verbindung.

10. Wurde die Verbindung erfolgreich eingerichtet, erscheint in den *Netzwerk-verbindungen* ein neues Symbol.

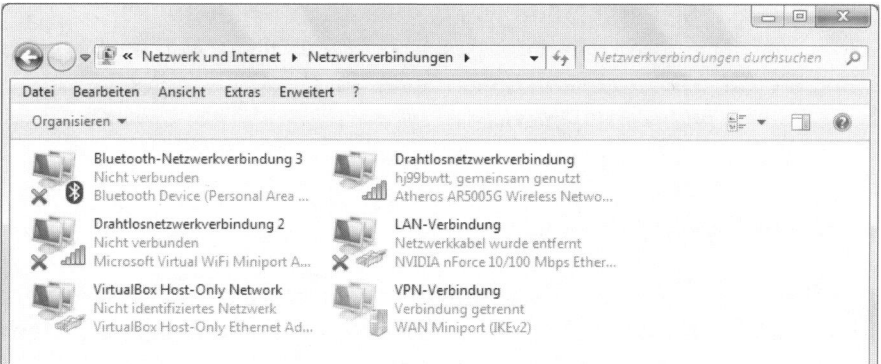

Bild 3.79 Ein neues Symbol wurde unter den *Netzwerkverbindungen* angelegt. Es trägt den Namen, den Sie zuvor für die VPN-Verbindung festgelegt haben.

11. Um nun eine VPN-Verbindung herzustellen, klicken Sie doppelt auf das VPN-Symbol, das Sie über die *Netzwerkverbindungen* erreichen. Alternativ dazu können Sie die Verbindung herstellen, indem Sie auf *Start/Verbindung her-stellen* klicken und anschließend Ihre VPN-Verbindung auswählen.

12. Es erscheint ein Fenster, das Sie dazu auffordert, die Daten des VPN-Benut-zers einzugeben, der auf dem VPN-Server angelegt wurde und dazu berech-tigt ist, eine Verbindung aufzubauen.

Bild 3.80 Nach der Eingabe der Benut-zerdaten und dem Klick auf *Verbinden* wird die Verbindung zum VPN-Server hergestellt.

TIPP!

VPN-Verbindungen einsehen

Sie können VPN-Verbindungen, wie auch andere Verbindungen, einsehen, bearbeiten und löschen, indem Sie im *Netzwerk- und Freigabecenter* auf der linken Seite die Option *Adaptereinstellungen ändern* auswählen.

Über VPN im Internet surfen

Standardmäßig werden alle Verbindungen bei einer aktiven VPN-Verbindung über diese geführt. Sollten Sie also eine VPN-Verbindung offen haben und können problemlos über die VPN-Verbindung im Internet surfen, überspringen Sie dieses Kapitel.

Gibt es jedoch Probleme beim Aufruf von Internetseiten oder beim Verbinden mit gewissen Diensten, ist es notwendig, ein wenig Hand anzulegen.

Wenn Sie während einer bestehenden VPN-Verbindung keine Verbindung mehr ins Internet aufbauen können, liegt das meistens daran, dass der DNS-Server des VPN-Servers, über den die Domainnamen aufgelöst werden sollen, die Anfragen verweigert. Es reicht, einen alternativen öffentlichen DNS-Server einzutragen.

Windows: DNS-Server für die VPN-Verbindung ändern

1. Öffnen Sie die *Systemsteuerung* und wählen Sie *Netzwerk- und Internetverbindungen/Netzwerkverbindungen*.

2. Klicken Sie mit der rechten Maustaste auf das Symbol der eingerichteten VPN-Verbindung. In dem sich öffnenden Drop-down-Menü wählen Sie nun *Eigenschaften* aus.

3. Im Fenster *Eigenschaften von VPN* gehen Sie zur Registerkarte *Netzwerk*.

   Aktivieren Sie den Eintrag *Internetprotokoll (TCP/IP)* in der Liste und klicken Sie anschließend auf den Button *Eigenschaften*.

4. Lassen Sie die Option *IP-Adresse automatisch beziehen* unverändert. Ändern Sie aber die DNS-Einstellungen, indem Sie die Option *Folgende DNS-Serveradressen verwenden* auswählen und anschließend mindestens einen DNS-Server eintragen. Tragen Sie die gewünschten DNS-Server ein und klicken Sie abschließend auf *OK*.

Bild 3.81 Bevor Sie fortfahren, wählen Sie als *VPN-Typ PPTP-VPN*.

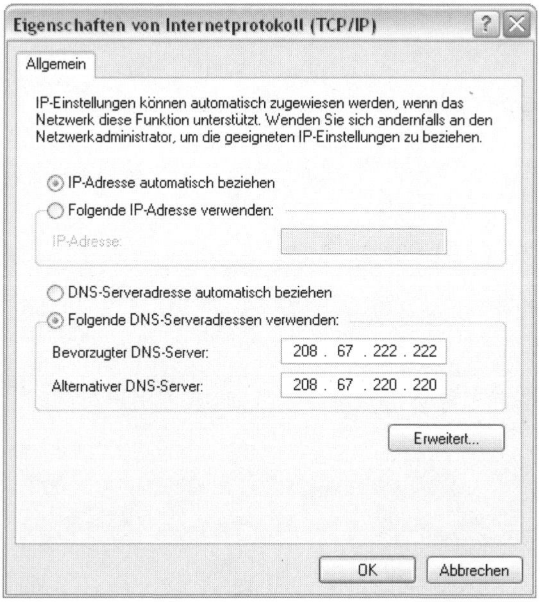

Bild 3.82 Die Einträge der Registerkarte *Allgemein* übernehmen Sie.

5. Unter Windows 7 und Vista gehen Sie wie folgt vor: Öffnen Sie die *Systemsteuerung* und klicken Sie auf die Kategorie *Netzwerk und Internet*. Im Anschluss daran wählen Sie das *Netzwerk- und Freigabecenter* aus.

6. Darin klicken Sie auf den Eintrag *Adaptereinstellungen ändern*, den Sie am linken Bildschirmrand sehen.

7. Klicken Sie mit der rechten Maustaste auf das Symbol, das den Namen Ihrer VPN-Verbindung trägt, und wählen Sie im Drop-down-Menü den Eintrag *Eigenschaften* aus.

8. Öffnen Sie die Registerkarte *Netzwerk* und markieren Sie den Eintrag *Internetprotokoll Version 4 (TCP/IPv4)* in der Liste der Protokolle. Danach klicken Sie auf den Button *Eigenschaften*.

⊡ LESEZEICHEN

http://www.stanar.de

Stanar: Hier finden Sie eine Liste öffentlicher DNS-Server.

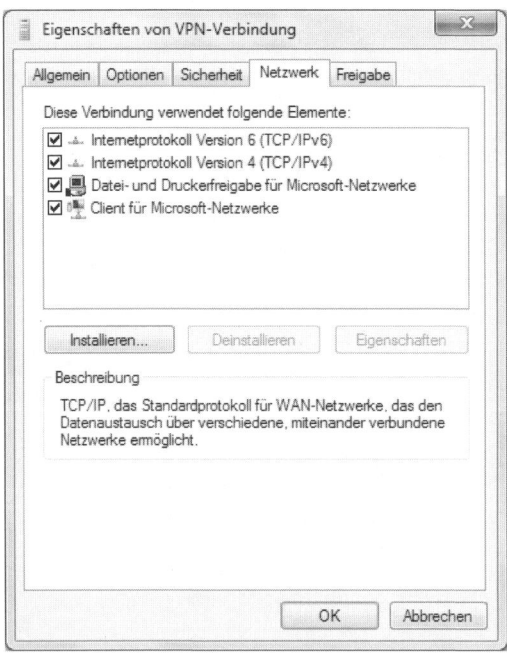

Bild 3.83 Die VPN-Verbindung verwendet die markierten Elemente.

9. Wenn Sie keinen spezifischen DNS-Server verwenden möchten, können Sie die Angaben der Abbildung übernehmen und die DNS-Server von OpenDNS eintragen:

Bevorzugter DNS-Server: 208.67.222.222

Alternativer DNS-Server: 208.67.220.220

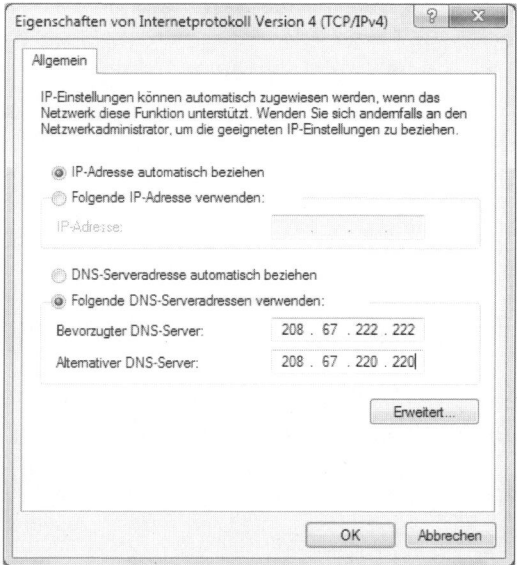

Bild 3.84 Die Angaben dieses Screenshots können Sie übernehmen.

Nun sollten das Surfen im Internet sowie der Gebrauch von Internetdiensten während der Nutzung einer VPN-Verbindung funktionieren.

Falls es jedoch nicht reibungslos läuft, ist die Fehlerquelle an einer anderen Quelle beim Aufbau des VPN-Netzes zu suchen. Bitte haben Sie Verständnis dafür, dass dieses Buch nicht auf alle Fehlerquellen eingehen kann.

10. Möchten Sie die VPN-Verbindung dennoch nutzen, ohne sie als Gateway für Internetanfragen zu nutzen, können Sie dieses Verhalten deaktivieren, indem Sie auf dem gleichen Weg wie gerade gezeigt das Fenster für die IPv4-Einstellungen öffnen und dort auf den Button *Erweitert* klicken.

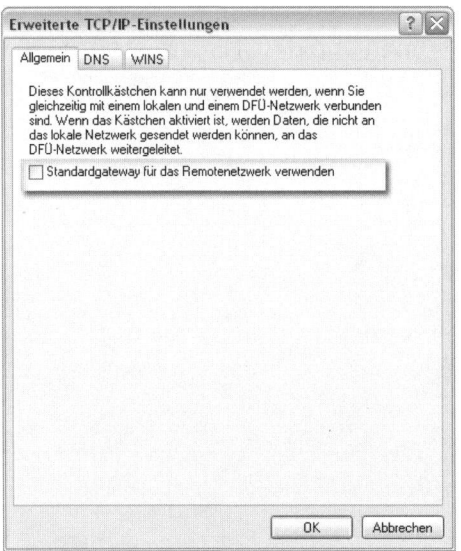

Bild 3.85 Entfernen Sie den Haken und schließen Sie das Fenster mit *OK*.

11. Deaktivieren Sie *Standardgateway für das Remotenetzwerk verwenden*, wenn Sie Ihre für das Internet bestimmten Datenpakete nicht über das VPN senden möchten, sondern direkt.

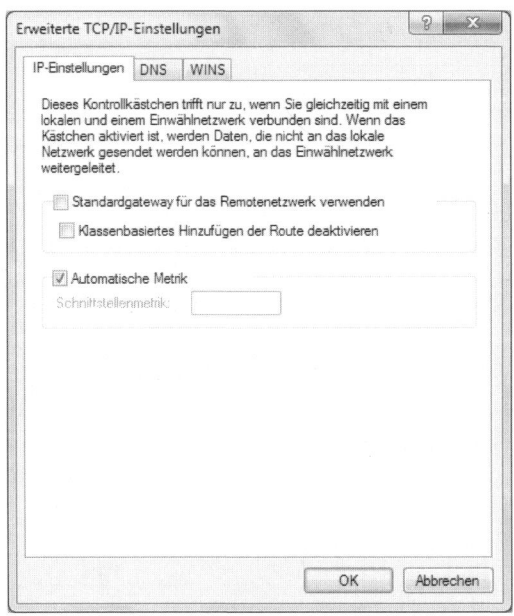

Bild 3.86 Unter Windows 7 und Vista finden Sie zusätzlich die Einträge *Klassenbasiertes Hinzufügen der Route deaktivieren* und *Automatische Metrik*. Beide Einträge können Sie vernachlässigen und die Voreinstellungen übernehmen.

3.5   Einen alternativen DNS-Dienst nutzen

Ein DNS-Dienst (Domain Name System) ist im Internet dafür verantwortlich, Namen zu IP-Adressen aufzulösen. Das heißt, wenn Sie in Ihrem Webbrowser die Adresse *www.franzis.de* aufrufen, wird Ihre Anfrage an den DNS-Server Ihres Providers geschickt – sofern Sie nicht bereits einen alternativen DNS-Dienst nutzen –, und dieser wiederum wandelt die Adresse in die IP-Adresse *78.47.154.249* um.

Dieses Verhalten lässt sich jedoch auch dazu nutzen, Ihre Webaufrufe zu manipulieren. Eines der bekanntesten Beispiele dafür ist das »Gesetz zur Erschwerung des Zugangs zu kinderpornografischen Inhalten in Kommunikationsnetzen«, auch Zugangserschwerungsgesetz genannt, das am 23. Februar 2010 in Kraft trat.

Vorgesehen ist, dass das Bundeskriminalamt eine Sperrliste führt, auf der Domainnamen, IP-Adressen und URLs von kinderpornografischen Webseiten sowie auf Kinderpornografie verlinkende Seiten aufgeführt werden, wenn deren Löschung nicht oder nicht in angemessener Zeit erwirkt werden kann.

Internetzugangsprovider mit mehr als 10.000 Kunden werden gesetzlich dazu verpflichtet, den Zugriff auf die in der Sperrliste geführten Seiten mittels DNS-Umleitungen zu sperren. Hierbei soll auf ein vom BKA gestaltetes »Stoppschild« umgeleitet werden. Dabei wird dem BKA eine anonymisierte Zugriffsstatistik übermittelt.

Auch wenn die Bekämpfung von kinderpornografischen Inhalten grundsätzlich zu befürworten ist, ist dieser Weg der Bundesregierung durch das Zugangserschwerungsgesetz der falsche Weg, da hierbei nur die Anfragen der Benutzer zu einem BKA-Server umgeleitet werden, während die eigentlichen Webseiten mit dem ursprünglichen Inhalt trotzdem weiterhin zur Verfügung stehen.

Der Eingriff in die Freiheit der Internetnutzer durch DNS-Sperren, hinter denen eigentlich eine gute Absicht steht, lässt sich jedoch auch missbrauchen. So gibt es in anderen Ländern Gesetze, die den Zugriff auf Kinderpornografie durch DNS-Sperren verhindern sollen. Doch statt der Seiten mit kinderpornografischem Inhalt landeten häufig völlig harmlose Seiten auf der Filterliste.

DNS-Sperren sind auch aus einem weiteren Grund sinnlos: Benutzer, die einen alternativen DNS-Server verwenden, bekommen Stoppschilder gar nicht erst zu sehen, da die Einträge des DNS-Servers nicht zensiert oder manipuliert werden.

Bild 3.87 So soll das vom BKA entworfene Stoppschild aussehen, das beim Aufruf einer gesperrten Webseite erscheinen soll.

Das Umstellen von der providereigenen Namensauflösung zu einem alternativen DNS-Server lässt sich mittels einfachster Vorgehensweisen innerhalb von ca. 30 Sekunden erledigen. Das zeigt noch einmal, wie leicht solche vermeintlichen Sperren tatsächlich von Nutzern zu umgehen sind.

Aber nicht nur aufgrund der Umgehung einer Zensur ist die Nutzung eines alternativen DNS-Diensts zu empfehlen. Dienste wie z. B. OpenDNS haben eine bessere Serverstruktur und damit eine höhere Ausfallsicherheit als die providereigenen DNS-Server.

☐ LESEZEICHEN

http://bit.ly/aqq2Jq
http://bit.ly/1Dqbcp

Zensurfreie DNS-Server: Hier finden Sie eine Liste mit zensurfreien DNS-Servern.

Lernen Sie jetzt den kostenlosen DNS-Dienst OpenDNS kennen, da dieser Dienst nicht nur zensurfreie DNS-Abfragen ermöglicht, sondern auch dazu dient, Sie vor gefährlichen Phishing-Seiten zu schützen, und sogar anbietet, eigene Sperrlisten anzulegen, um z. B. Ihre Kinder vor gefährlichen Seiten zu schützen.

Was ist OpenDNS eigentlich?

OpenDNS dient vordergründig, wie bereits erwähnt, zum Auflösen von DNS-Namen. Somit eignet sich OpenDNS als Alternative zur Benutzung des DNS-Servers des eigenen Providers. Zum weiteren kostenlosen Leistungsangebot von OpenDNS gehört u. a. ein Phishing-Filter, der den Benutzer warnt und schützt – also eine von OpenDNS geführte Liste mit gefährlichen Webseiten, die auf Identitätsdiebstahl abzielen. Außerdem wird die automatische Korrektur von Eingabefehlern angeboten.

Über den Dienst PhishTank können Nutzer neue Phishing-Seiten melden oder Berichte zu älteren Seiten überarbeiten. Ein besonderes von OpenDNS angebotenes Merkmal sind sogenannte Shortcuts. Damit kann der Nutzer Kurznamen für einen bestimmten Domainnamen anlegen.

Legt man also für die Domain *mail.yahoo.com* einen Kurznamen mit der Bezeichnung *mail* an, lässt sich die Domain aufrufen, indem man im Browser nur das Wort *mail* eingibt.

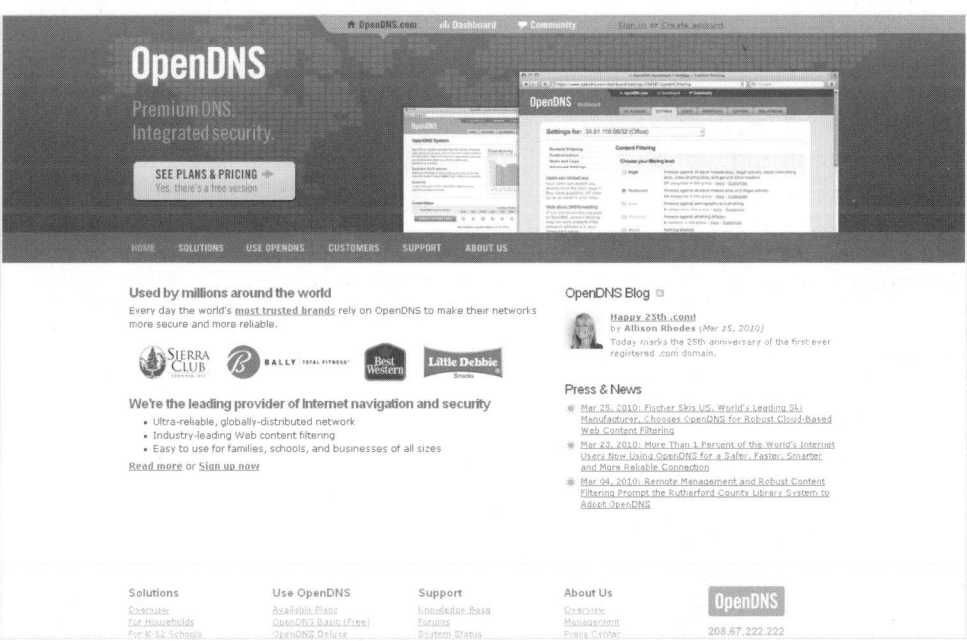

Bild 3.88 Die Website von OpenDNS: *www.opendns.com*.

OpenDNS nutzen

Um nun die Dienste von OpenDNS in Anspruch nehmen zu können, gibt es verschiedene Möglichkeiten. Die einfachste ist zugleich diejenige mit dem geringsten Funktionskomfort:

Sie können, ohne sich zuvor bei OpenDNS registrieren zu müssen, einfach die IP-Adressen der jeweiligen DNS-Server in Ihrem System eintragen. Das hat den Vorteil, dass Sie keine Daten von sich preisgeben müssen.

Der Nachteil ist, dass Sie keine persönlichen Einstellungen vornehmen können. So können Sie beispielsweise den Filterdienst, der Webseiten nach bestimmten Kategorien filtert, nicht benutzen. Ebenso wenig können Sie Shortcuts nutzen.

1. Um diese Methode dennoch einsetzen zu können, gehen Sie wie folgt vor: Öffnen Sie die *Systemsteuerung* in Windows.

2. Unter Windows XP klicken Sie nun auf *Netzwerk- und Internetverbindungen* und dann auf *Netzwerkverbindungen*.

3. Unter Windows 7 und Vista klicken Sie zuerst auf *Netzwerk und Internet*, dann auf *Netzwerk- und Freigabecenter*, und dort wiederum wählen Sie am linken Bildschirmrand den Schriftzug *Adaptereinstellungen* aus.

4. Klicken Sie mit der rechten Maustaste auf das Symbol Ihrer Netzwerk- oder WLAN-Karte bzw. Ihres WLAN-Dongles. Wichtig ist, dass Sie die Verbindung auswählen, über die Sie Zugriff auf das Internet erhalten. Im Kontextmenü der rechten Maustaste wählen Sie die Option *Eigenschaften* aus.

5. In nächsten Fenster markieren Sie den Eintrag *Internetprotokoll (TCP/IP)* bzw. *Internetprotokoll Version 4 (TCP/IPv4)*. Anschließend klicken Sie auf den Button *Eigenschaften*.

6. Es öffnet sich ein Fenster mit dem Titel *Eigenschaften von Internetprotokoll (TCP/IP)*. Hier aktivieren Sie im unteren Bereich die Option *Folgende DNS-Serveradressen verwenden*.

7. Tragen Sie anschließend in die beiden Felder die IP-Adressen der OpenDNS-Server ein:

   Bevorzugter DNS-Server: 208.67.222.222
   Alternativer DNS-Server: 208.67.220.220

   Nachdem Sie die geöffneten Fenster durch einen Klick auf den *OK*-Button geschlossen haben, werden die von Ihnen aufgerufenen Domainnamen automatisch über die DNS-Server von OpenDNS aufgelöst.

Eine bessere Nutzung der Dienste erreichen Sie, indem Sie sich bei OpenDNS registrieren und sich den OpenDNS Updater auf Ihrem Computer installieren, der für die OpenDNS-Datenbank Ihre aktuelle IP-Adresse mitteilt.

Das können Sie auch von Ihrem Router erledigen lassen, sofern er das Updaten der IP-Adresse bei OpenDNS unterstützt. Im weiteren Verlauf dieses Kapitels erfahren Sie dazu mehr.

OpenDNS kann Sie hierdurch an Ihrer IP-Adresse identifizieren und Ihnen die von Ihnen festgelegten persönlichen Einstellungen zuordnen.

TIPP!

Eingetragener OpenDNS-Server

Stellen Sie sicher, dass Sie die OpenDNS-Server bereits auf Ihrem System eingetragen haben! Alternativ können Sie die beiden IP-Adressen der OpenDNS-Server in Ihrem Router als gewünschte DNS-Server einsetzen, sodass Sie die Einstellungen nicht auf jedem Client, auf dem Sie OpenDNS verwenden möchten, anpassen müssen. Bei den meisten Routern erledigen Sie das über die Weboberfläche. Wie es bei einer FRITZ!Box funktioniert, erfahren Sie im weiteren Verlauf dieses Kapitels.

---

1. Um sich bei OpenDNS zu registrieren, rufen Sie in Ihrem Webbrowser die OpenDNS-Website auf und klicken unter *OpenDNS Basic* auf den Button *Sign Up*.

   ⊡ LESEZEICHEN

   https://www.opendns.com/start/
   OpenDNS-Registrierung: Registrieren
   Sie sich bei OpenDNS.

2. Nach dem Ausfüllen der entsprechenden Felder mit Ihren Daten erhalten Sie eine E-Mail, in der Sie dazu aufgefordert werden, durch Klicken auf den in der E-Mail enthaltenen Link Ihre Daten zu bestätigen.

3. Haben Sie das erledigt, loggen Sie sich mit Ihren Daten auf *https://www.opendns.com/dashboard/signin/* ein.

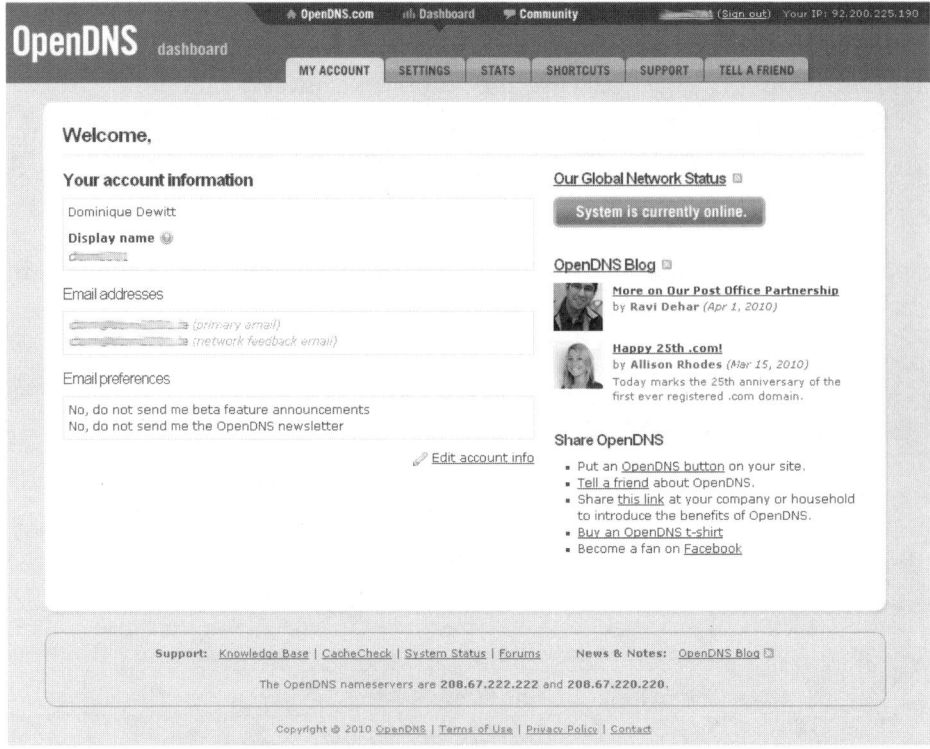

Bild 3.89 Nach dem Einloggen befinden Sie sich auf dieser Seite.

4. Um nun persönliche Einstellungen vornehmen zu können, ist es nötig, dem System Ihre IP-Adresse mitzuteilen. Das tun Sie, indem Sie im oberen Teil der Seite die orangefarbene Schaltfläche *Settings* auswählen.

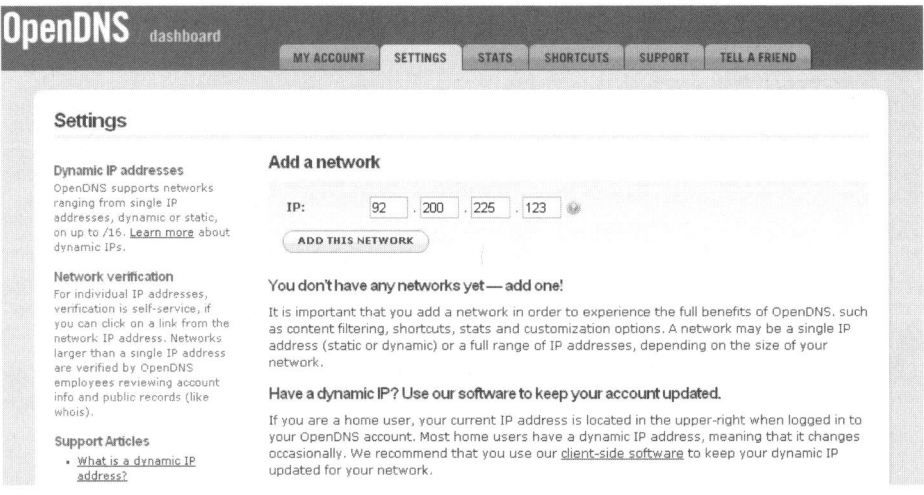

Bild 3.90 Da OpenDNS Ihre IP-Adresse noch nicht bekannt ist, müssen Sie sie erst hinzufügen.

5. Unter der Überschrift *Add a network* wird automatisch Ihre IP-Adresse eingetragen, mit der Sie gerade mit dem Internet verbunden sind. Klicken Sie auf den darunterliegenden Button *ADD THIS NETWORK*.

6. Es erscheint eine Eingabemaske, in der Sie dem hinzugefügten Netzwerk einen Namen geben können. Sie können beispielsweise den vorgeschlagenen Namen übernehmen und das Netzwerk mit *Home* betiteln.

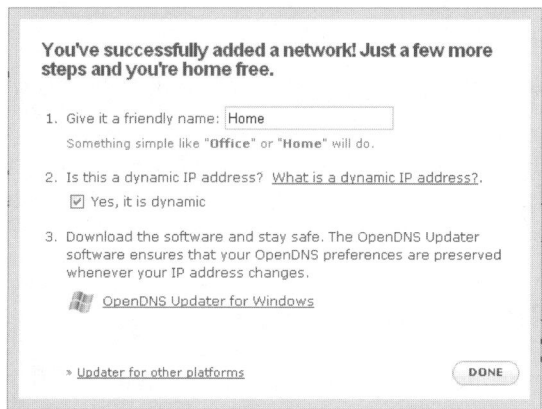

Bild 3.91 Abschließende Einstellungen vornehmen.

7. Sie werden zudem gefragt, ob es sich bei der hinzugefügten IP-Adresse um eine dynamisch vergebene Adresse handelt. Das ist bei den allermeisten privaten Anschlüssen in Deutschland der Fall. Setzen Sie deshalb den Haken für dynamische IP-Adressen, falls er nicht bereits standardmäßig gesetzt wurde.

8. Sollten Sie keinen Router besitzen, der OpenDNS über Ihre aktuelle IP-Adresse informieren kann, ist es notwendig, den OpenDNS Updater auf Ihrem Rechner zu installieren.

   Klicken Sie deshalb auf den Link *OpenDNS Updater for Windows* bzw. *Updater for other platforms*, falls Sie kein Windows-Betriebssystem einsetzen. Installieren Sie also den entsprechenden Updater für Ihr System (dazu später mehr) und klicken Sie anschließend in der Eingabemaske auf den *DONE*-Button.

9. Wenn Sie nun erneut auf die *Settings*-Schaltfläche klicken, sehen Sie die zuvor eingerichtete IP-Adresse unter der Überschrift *Manage your networks*.

10. Klicken Sie wiederum auf die entsprechende IP-Adresse, landen Sie im *Control-Panel*. Es wird automatisch der erste Menüeintrag aufgerufen, das ist

momentan der Eintrag *Web Content Filtering*. Standardmäßig ist die Filterung von Webinhalten abgeschaltet.

Wenn Sie möchten, können Sie den Webfilter einschalten, indem Sie eines der vorgegebenen Filterlevels aktivieren. Auch können Sie Ihre eigenen Filterkriterien zusammenstellen.

Auf der linken Seite finden Sie außerdem Optionen für die Websicherheit, für die individuelle Anpassung der Suchseite, Statistiken und Logfiles sowie die *Erweiterten Einstellungen*.

11. Unter dem letzten Punkt, der mit *Advanced Settings* betitelt ist, müssen Sie zwingend einen Haken bei *Enable dynamic IP update* setzen, da sonst kein Update Ihrer IP-Adresse durch den OpenDNS Updater bzw. Ihren Router möglich ist. Danach klicken Sie auf den Button *APPLY*, der sich am unteren Ende der Seite befindet.

OpenDNS Updater einrichten und nutzen

Sofern Sie den OpenDNS Updater nicht schon während des Einrichtens Ihres Netzwerks bei OpenDNS heruntergeladen und installiert haben, können Sie das jetzt nachholen:

⊡ LESEZEICHEN

http://bit.ly/9WOHy2
http://bit.ly/cv6bZB

OpenDNS Updater: Updater für
Windows (oben) und Mac OS X
(unten) herunterladen.

1. Nach dem erstmaligen Start des OpenDNS Updater verlangt dieser Ihre Zugangsdaten.

2. Haben Sie die Zugangsdaten eingegeben und sich eingeloggt, sehen Sie eine Übersicht mit Ihren Daten. Zudem können Sie durch Klick auf den Button *Update now* Ihre IP-Adresse in der OpenDNS-Datenbank aktualisieren.

3. Wenn Sie das Programm nun schließen, läuft es trotzdem im Hintergrund weiter, um gegebenenfalls Ihre IP-Adresse in der Datenbank zu aktualisieren, falls sie sich ändert.

Bild 3.92 Der OpenDNS Updater präsentiert nach dem erfolgreichen Log-in eine Übersicht Ihrer Daten.

Der OpenDNS Updater startet automatisch im Hintergrund, sobald Sie Ihren Computer hochgefahren haben. Ob der OpenDNS Updater aktiv ist, sehen Sie an einem weißen O-Symbol auf orangefarbenem Hintergrund im Infobereich der Windows-Taskleiste oder der Mac OS X-Menüleiste oben rechts.

OpenDNS mit der FRITZ!Box nutzen

Einen alternativen DNS-Server für den Router festzulegen hat den Vorteil, dass Sie dem Router die IP-Adressen der DNS-Server nur einmalig bekannt machen müssen und jedes Gerät, das am Router angeschlossen ist, automatisch mit den gewünschten Daten des festgelegten DNS-Servers versorgt wird, ohne dass Sie eine entsprechende Einstellung am jeweiligen Gerät anpassen müssen.

Im Gegensatz zu vielen gängigen Routermodellen verfügt die FRITZ!Box nicht über die Möglichkeit, einen anderen DNS-Server als den providereigenen zu nutzen bzw. über die Weboberfläche festzulegen. Dennoch gibt es eine Möglichkeit, den standardmäßig genutzten DNS-Server festzulegen:

1. Wählen Sie von einem an die FRITZ!Box angeschlossenen Telefon die Rufnummer *#96*7** und warten Sie, bis Sie einen kurzen Bestätigungston hören.

2. Damit haben Sie den Telnet-Daemon Ihrer FRITZ!Box aktiviert, sodass nun die Möglichkeit besteht, über Telnet auf die FRITZ!Box zuzugreifen und Konfigurationsdateien manuell zu editieren.

3. Klicken Sie auf *Start/Ausführen* und geben Sie anschließend *telnet 192.168. 178.1* ein.

4. Haben Sie die Router-Oberfläche Ihrer FRITZ!Box mit einem Kennwort ge-
schützt, werden Sie auch im Telnet-Fenster nach dem Kennwort gefragt.
Geben Sie Ihr Kennwort ein. Lassen Sie sich nicht dadurch irritieren, dass
sich im Telnet-Fenster nichts verändert: Die Eingabe Ihres Kennworts bleibt
unsichtbar. Haben Sie Ihr Kennwort eingegeben, erscheint folgendes Bild:

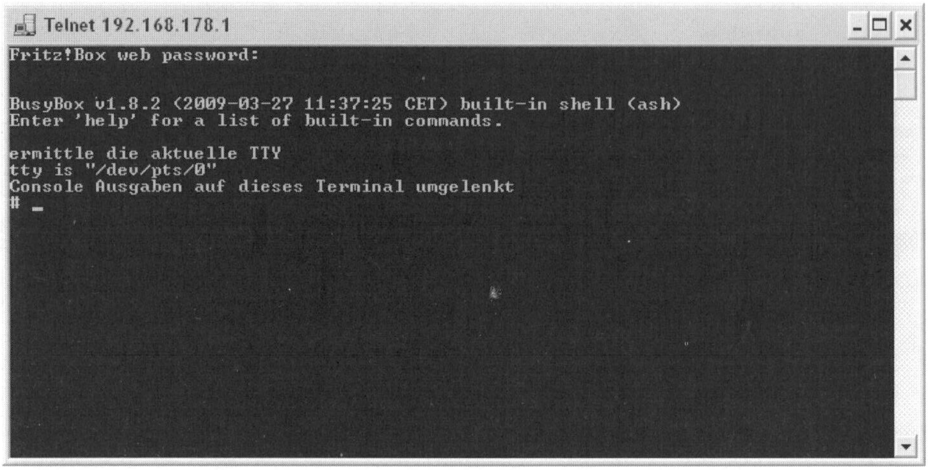

```
Telnet 192.168.178.1                                        _ □ ×
Fritz!Box web password:

BusyBox v1.8.2 (2009-03-27 11:37:25 CET) built-in shell (ash)
Enter 'help' for a list of built-in commands.

ermittle die aktuelle TTY
tty is "/dev/pts/0"
Console Ausgaben auf dieses Terminal umgelenkt
#
```

Bild 3.93 Die FRITZ!Box nimmt nun Ihre Eingaben entgegen.

5. Geben Sie jetzt nacheinander die folgenden Befehle ein:

```
cd /var/flash
nvi ar7.cfg
```

Scrollen Sie dann mit den Pfeiltasten der Tastatur nach unten bis zu einem
Textblock, der mit *dslifaces {* und weiter unten mit *etherencapcfg {* beginnt.
Dort finden Sie die Einträge *dns1* und *dns2*.

6. Navigieren Sie mit den Pfeiltasten zu der Position hinter dem =-Zeichen vor
dns1 bzw. *dns2*. Wechseln in den Eingabemodus, indem Sie die Taste ⊞ auf
Ihrer Tastatur drücken.

Jetzt können Sie die beiden DNS-Einträge auf die IP-Adressen von OpenDNS
ändern:

```
dns1 = 208.67.222.222
dns2 = 208.67.220.220
```

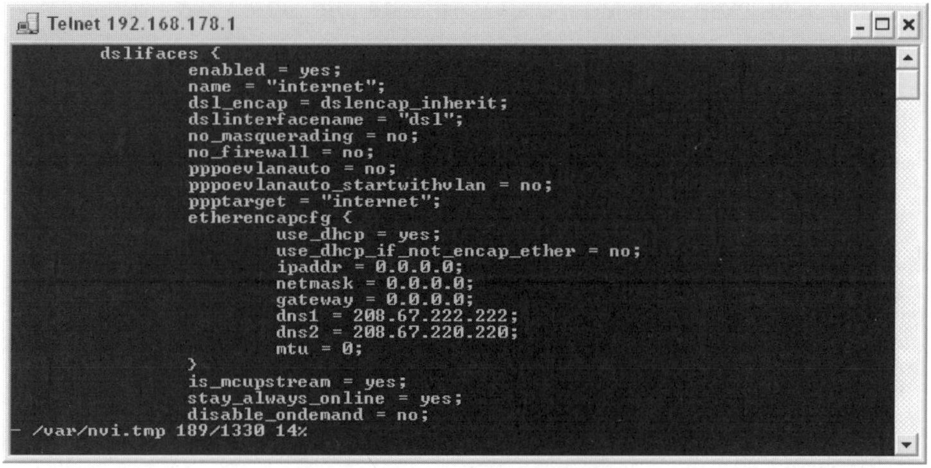

```
Telnet 192.168.178.1                                        - □ ×
           dslifaces {
                   enabled = yes;
                   name = "internet";
                   dsl_encap = dslencap_inherit;
                   dslinterfacename = "dsl";
                   no_masquerading = no;
                   no_firewall = no;
                   pppoevlanauto = no;
                   pppoevlanauto_startwithvlan = no;
                   ppptarget = "internet";
                   etherencapcfg {
                           use_dhcp = yes;
                           use_dhcp_if_not_encap_ether = no;
                           ipaddr = 0.0.0.0;
                           netmask = 0.0.0.0;
                           gateway = 0.0.0.0;
                           dns1 = 208.67.222.222;
                           dns2 = 208.67.220.220;
                           mtu = 0;
                   }
                   is_mcupstream = yes;
                   stay_always_online = yes;
                   disable_ondemand = no;
- /var/nvi.tmp 189/1330 14%
```

Bild 3.94 In diesem Block finden Sie die beiden DNS-Einträge, die Sie anpassen müssen.

7. Haben Sie diesen Schritt ausgeführt, drücken Sie die [Esc]-Taste auf Ihrer Tastatur, um den Eingabemodus wieder zu verlassen. Scrollen Sie nun erneut nach unten, um die beiden Einträge *overwrite_dns1* und *overwrite_dns2* zu suchen.

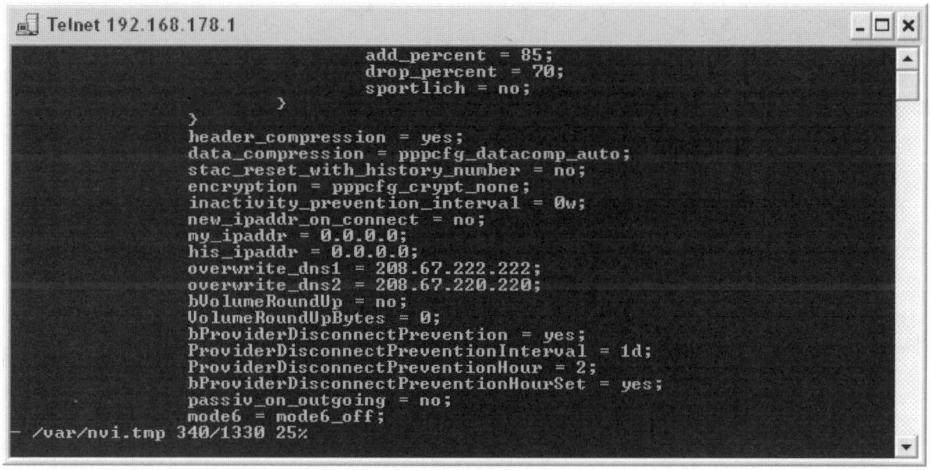

```
Telnet 192.168.178.1                                        - □ ×
                           add_percent = 85;
                           drop_percent = 70;
                           sportlich = no;
                   }
           }
           header_compression = yes;
           data_compression = pppcfg_datacomp_auto;
           stac_reset_with_history_number = no;
           encryption = pppcfg_crypt_none;
           inactivity_prevention_interval = 0w;
           new_ipaddr_on_connect = no;
           my_ipaddr = 0.0.0.0;
           his_ipaddr = 0.0.0.0;
           overwrite_dns1 = 208.67.222.222;
           overwrite_dns2 = 208.67.220.220;
           bVolumeRoundUp = no;
           VolumeRoundUpBytes = 0;
           bProviderDisconnectPrevention = yes;
           ProviderDisconnectPreventionInterval = 1d;
           ProviderDisconnectPreventionHour = 2;
           bProviderDisconnectPreventionHourSet = yes;
           passiv_on_outgoing = no;
           mode6 = mode6_off;
- /var/nvi.tmp 340/1330 25%
```

Bild 3.95 An dieser Stelle nehmen Sie die zweite Anpassung vor.

8. Gehen Sie auch bei diesen beiden Einträgen wie bei den Einträgen eben vor: Drücken Sie die [I]-Taste, um in den Eingabemodus zu wechseln, und tragen Sie die beiden IP-Adressen der OpenDNS-Server ein.

9. Danach drücken Sie wieder die ⎡Esc⎤-Taste und geben :*wq* ein.

   Jetzt geben Sie den Befehl *reboot* ein, um die FRITZ!Box neu zu starten und die Änderungen aktiv werden zu lassen.

Ab sofort werden die Domainanfragen aller an die FRITZ!Box angeschlossenen Geräte über OpenDNS aufgelöst.

> **TIPP!**
>
> ### Telnet-Daemon ausschalten
>
> Sofern Sie die Telnet-Verbindung zu Ihrer FRITZ!Box nicht anderweitig benötigen, deaktivieren Sie den Telnet-Daemon bitte wieder, indem Sie die Tasten *#96*8** wählen.

Um zu prüfen, ob die von Ihnen aufgerufenen Domainnamen tatsächlich über OpenDNS aufgelöst werden, rufen Sie in Ihrem Browser die URL *http://welcome.opendns.com/* auf. Erscheint folgende Seite, hat alles geklappt:

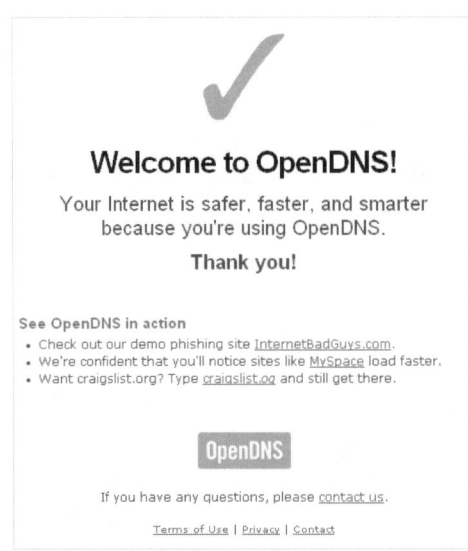

Bild 3.96 Im Idealfall sehen Sie jetzt diese Seite.

FRITZ!Box als Ersatz für den OpenDNS Updater

Wie bereits erwähnt, ist es möglich, einen Router zum Aktualisieren Ihrer IP-Adresse in der Datenbank von OpenDNS anstelle des originalen OpenDNS Updaters auf einem Computer zu verwenden. Das hat den Vorteil, dass die Daten selbst dann aktualisiert werden, wenn kein Computer in Ihrem Netzwerk aktiv ist.

Die FRITZ!Box bringt von Haus aus keine Möglichkeit mit, Ihre Daten bei OpenDNS zu aktualisieren. Diese Möglichkeit lässt sich aber leicht nachrüsten, indem Sie den integrierten Dienst der FRITZ!Box zum Updaten von Dynamic DNS-Daten benutzen und anpassen. Für dieses Vorhaben ist ein wenig Vorbereitung notwendig:

1. Rufen Sie in Ihrem Webbrowser die Adresse *http://www.dnsomatic.com* auf und loggen Sie sich mit Ihren Zugangsdaten von OpenDNS ein.

2. In der Übersicht suchen Sie nun einen Eintrag mit dem Namen *OpenDNS*, unter dem Ihr Benutzername und der Name Ihres Netzwerks stehen.

3. Klicken Sie auf den Button *Add a service* und wählen Sie anschließend aus der Liste den Eintrag *DynDNS* aus.

4. Es erscheint ein neuer Eintrag mit dem Titel *DynDNS*, der drei leere Eingabefelder aufweist. Tragen Sie für *User ID* Ihren Benutzernamen und unter *Password* das Kennwort ein, mit dem Sie bei DynDNS registriert sind.

   Im Feld *Host/Identifier* tragen Sie den Domainnamen ein, den Sie bei DynDNS registriert haben, also z. B. *meinheimserver.dyndns.org*.

   Zum Abschluss übernehmen Sie die Eingaben mit einem Klick auf *Update account info*.

Jetzt sollte hinter den Einträgen *OpenDNS* und *DynDNS* jeweils ein grüner Daumen die Korrektheit der Daten signalisieren. Falls nicht, überprüfen Sie, ob Ihnen bei der Eingabe Ihrer Daten vielleicht ein Tippfehler unterlaufen ist. Jetzt müssen Sie nur noch Ihre FRITZ!Box entsprechend konfigurieren:

1. Öffnen Sie dazu die Weboberfläche der FRITZ!Box, indem Sie die Adresse *http://192.168.178.1* in Ihrem Webbrowser aufrufen.

   Geben Sie gegebenenfalls Ihr Kennwort ein und klicken Sie dann auf den gelben Button *Einstellungen*, der sich am obersten Ende der Weboberfläche direkt unter dem FRITZ!Box-Logo befindet. Klicken Sie wieder auf den Schriftzug *Internet*.

2. Anschließend wählen Sie im linken Navigationsbereich *Freigaben* aus. Sobald sich die Seite mit den Freigaben aufgebaut hat, klicken Sie im oberen Teil der Seite auf die Registerkarte *Dynamisches DNS*.

3. Sofern nicht bereits *Dynamic DNS benutzen* aktiviert ist, setzen Sie dort einen Haken.

4. Nehmen Sie jetzt folgende Eingaben vor:

   Dynamic DNS-Anbieter: *Benutzerdefiniert*

   Update-URL: *updates.dnsomatic.com/nic/update?myip=<ipaddr>*

   Domainname: ihrdomainname.dyndns.org*

   Benutzername: Ihr Benutzername bei OpenDNS bzw DNS-O-Matic*

   Kennwort: Ihr Kennwort bei OpenDNS bzw. DNS-O-Matic*

   Kennwortbestätigung: die Wiederholung des Kennworts*

Setzen Sie für die mit * markierten Stellen Ihre selbst festgelegten Daten ein und klicken Sie abschließend auf den Button *Übernehmen*.

Jetzt informiert die FRITZ!Box bei einer Änderung Ihrer IP-Adresse den Dienst DNS-O-Matic, der wiederum die Dienste OpenDNS und DynDNS mit den aktuellen Daten versorgt.

Index